맥스웰의 무지개

생활과학 에세이 ❷

맥스웰의 무지개

· 전자기파 스펙트럼 ·

강찬형 지음

무지개꿈
Rainbow Dream

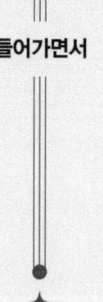

들어가면서

　필자가 정년퇴직하고 백수로 있으면서, 이대로 있지 말고 내가 평생 배운 과학 지식을 일상생활에 적용하는 글을 써서 다른 사람에게 알려야겠다고, 어느 날 결심하였다. 필자는 활자에 익숙한 세대인지라 글을 책으로 출판하고 싶었는데 그것이 쉽지 않음을 발견하였다. 출판업계의 현황을 나름대로 파악하고 독립 출판을 하기로 마음먹고 일인(一人) 출판사를 세웠다. 그동안 써 놓은 글들을 주위의 지인들에게 읽어 보기를 권유하였는데, 그 반응은 내가 기대한 것과 달랐다. 모두가 다 내 마음 같지 않네!

　책 발간을 기획하면서 독자들의 이해를 위하여 세 부분으로 나누었다. 첫 권은 내가 책 출판 과정을 학습하는 기회로 삼고 일반인이 이해하기 쉽도록 편집하려고 노력하였다. 그래서 주제를 '빛과 색'으로 정하고 젊은이들에게 꿈을 꾸게 하고 싶은 생각에 책 제목을 '드림 스펙트럼'으로 짓고 문학 작품과 가요 가사에 관한 글을 위주로 실었다. 두 번째부터는 더 전문적인 영역으로 '전자기파'와 '에너지'에 대해서 다루어 볼까 한다.

자연에서 비가 갠 후 맑은 하늘에 펼쳐져 있는 무지개를 볼 수 있다. 빛이 공중의 물방울에서 굴절이 일어나 파장의 순서로 배열된다. 이를 우리는 '빨주노초파남보'라는 색으로 인식하고 있다. 이 영역을 우리는 가시광선이라고 부른다. 한편 우리가 눈으로 인식하지 못하는 빛이 있다고 생각하고 적외선이니 자외선이라는 이름을 붙였다. 또한 물질의 본질을 이해하는 과정에서 X선이니 감마선이 발견되었다.

한편 영국의 맥스웰(James Clerk Maxwell, 1831~1879)은 전자기파의 존재를 예측하고, 그 파의 전달 속력이 빛의 속도와 같으며 항상 일정하다고 하였다. 독일의 헤르츠(Heinrich Hertz, 1857~1894)는 전자기파를 발생시키고 그 존재가 실존함을 보였다. 20세기 들어 우리 인류의 위대한 발견은 모든 물체는 가지고 있는 에너지를 전자기파의 형태로 외부로 발산한다는 생각이다.

이러한 발산을 복사(radiation)라고 부른다. 전자기파의 에너지는 전자기파의 주파수에 비례하고, 전자기파의 전달 속도는 주파수에 파장을 곱하면 된다. 우리는 지난 약 1세기 동안 여러 가지 발명과 기술개발을 통하여 이러한 전자기파에 말과 그림을 실어 보낼 수 있는 통신 기술을 발전시켰다. 그러한 전자기파를 마이크로웨이브, 라디오파 등으로 부른다.

잘 몰랐다는 역사적인 이유로 다양한 전자기파(복사)에 대하여 주파수, 에너지, 파장의 변화에 따라 인류가 붙인 명칭은 다양하다. 그러한 전자기파를 에너지의 크기 순서대로 각각 감마선, 엑스선, 자외선, 가시광선, 적외선, 마이크로파, 라디오파라고 흔히들 부른다. '빨주노초파남보' 색깔의 무지개를 가시광선의 스펙트럼이라고 말하듯이, 이런 다양한 영역의 복사선을 맥스웰의 무지개(Maxwell's rainbow)라고 말하기도 한다. 맥스웰의 무지개에 해당하는 복사선 전체 스펙트럼에서 가시광선이 차지하는 영역은 아주 협소하다.

본 글에서는 먼저 몸풀기로 우리가 큰 숫자와 작은 숫자를 어떻게 간단하게 표현하는지에 대해서 알아본다. 인류는 우리 몸이나 세상의 물질이 무엇으로 이루어졌는지를 오랫동안 생각해 왔고, 밤하늘에 멀리 보이는 별에 관하여 생각해 왔다. 렌즈를 이용한 현미경과 망원경이 발명됨으로써 미시세계와 거시세계에 대한 감각이 한결 새로워졌다. 그런 다음에 본 글에서는 일상생활에서 사용되는 기본적인 물리적인 단위에 대하여 알아보려고 한다. 우리 몸은 감각을 갖추고 외부세계에서 파동의 형태로 전달되는 신호를 뇌에서 분석하여 환경에 적응하고 있다. 그 대표적인 감각이 시각과 청각이다. 시각은 눈으로, 청각은 귀가 담당하여 자극을 인식한다. 이러한 감각 기능이 결여(缺如)되면, 시각 장애인 혹은 청각 장애인이라고 한다. 정상인이라고 하여도 색감과 음감은 사람에 따라 천차만별(千差萬別)이다. 멀쩡히 눈이 있어도 색을 제대로 알아보지 못하는 사람이 있는가 하면, 청각은 정상이어도 노래만 나오면 자신이 없어 하는 사람이 있다. 본 글에서는 색맹과 음치에 대해서 생각해 본다. 색감은 사람마다 다르다. 또한 언어적으로 색에 대한 인식이 사람마다 다를 수 있다.

고전물리학에서는 물결, 소리, 빛을 파동으로 인식하고 이를 설명하는 지식을 파동론(wave theory)이라고 한다. 한편 모든 물체(body)의 거동을 뉴턴(Isaac Newton, 1642~1727)이 집대성해 놓은 운동법칙으로 이해한다. 물체가 작아지면 이를 입자라고 부르는데, 관계되는 물리법칙을 입자론(particle theory)이라고 한다. 입자가 작거나 파장이 아주 작은 미세세계에서는 입자성과 파동성으로 그때그때 상황을 설명해야 하는 양면성(duality)을 갖고 있다. 파동의 입자성이니 입자의 파동성이라는 말이 나오게 되었다. 이는 미시세계에서 물질이 이중성을 띠고 있다는 뜻은 아니다. 어떨 때는 파동론으로 설명해야 하고 어떨 때는 입자론으로 설명해야 우리의 과학적 이해를 충족시킬 수 있다는 뜻이다. 빛이 파동인 줄로만 알았더니 입자론으로 설명해야 할 때가 있다. 광파(light wave)라는 말은 빛을 파동론으로 생각할 때 나오는 용어이고, 광자(photon)는 입자론으로부터 나온 말이다. 전자(electron)는 입자인 줄로만 알았더니 파동의 성질을 갖고 있다. 전자의 파동성을 이용한 대표적인 기계가 전자현미경이다.

본 글에서는 무지개 너머에 존재하고 있어서 우리의 눈이 인지하지 못하는 전자기파인 감마선, 엑스선, 자외선, 적외선, 마이크로파, 라디오파에 대해서 알아보고, 의학이나 생활에서 활용성을 살펴볼 예정이다. 우리는 어떤 사실을 귀로 듣기만 해서는 믿지 않고, 직접 눈으로 보아야 직성이 풀리는 경향이 있다. 자연적인 법칙도 눈으로 확인해야 믿으려 한다. 그래서 직접 눈으로 보지 못하는 영역의 현상도 가능하면 눈으로 볼 수 있는 광학적 이미지를 선호한다. 복잡하고 비싼 의료용 진단장치에서 환자의 상태를 눈으로 확인할 수 있는 사진이 있어야 의사와 환자는 안심하게 된다. 이 점에서는 실험 결과에 의존하는 자연과학자도 비슷하다.

    이 글을 쓰는 때는 한참 개화 시기인 3, 4월이다. 봄이 되면 한겨울의 황량한 풍경에서 숨을 죽이고 있던 식물에 움이 트고 꽃이 만발한다. 꽃의 색깔은 빨강, 노랑, 보라, 백색 등 다양하다. 그러나 녹색 꽃은 찾아보기 힘들다, 자연의 설계자는 RGB 빛 중에서 G인 녹색은 이파리 색으로 남겨 놓았다. 오월쯤 되면 천지가 초록으로 덮인다. 우리가 이름 붙여 놓은 대표적인 꽃에 대하여 필자가 느끼는 소회를 글로 적어 보았다.

    마지막으로 우리가 밤하늘에 볼 수 있는 별에 대하여 살펴보았다. 우리는 어렸을 적에 밤하늘의 별을 쳐다보며 장래의 꿈을 꾸었던 기억이 있을 것이다. 인류에게 한동안 별은 신비의 대상이었으나, 과학의 발달로 새롭게 이해하게 되었다. 하늘에 무수히 많고 멀리 떨어져 있는 별이건만, 이 별들에 비하면 아주 작은 우리 인간은 과학의 이름으로 별의 실체를 이해하고 있다. 오늘날 별에 관한 과학 지식에 대해서 생각해 보고자 한다.

CONTENTS

들어가면서   4

1장 몸풀기

큰 수와 작은 수 • 거시세계와 미시세계   16

MKS와 cgs • 단위 체계   26

색맹과 음치 • 눈과 귀   36

뉴턴과 맥스웰 • 역학, 광학, 그리고 전자기학   47

입자론과 파동론 • 광자와 광파   59

요즘 핫한 현미경, 전자현미경 • 전자회절 현상   67

불확정성 원리 • PX와 ET   77

2장 맥스웰의 무지개

전자기파 스펙트럼 • 라디오 전파도 X-레이도 모두 전자기파이다   90

감마선(Gamma ray)   101

엑스선(X ray)   111

자외선(Ultraviolet ray)   121

백문이불여일견(Seeing is believing)   132

자외선(Infrared ray)   144

마이크로파(Microwave)   153

라디오파(Radio frequency wave)   164

3장 꽃들의 향연

동백꽃	176
수선화	185
산수유	191
진달래꽃	198
목련꽃	204
할미꽃	211
라일락	216

4장 별들의 고향

뭇별	224
별똥별	232
천문대와 망원경	239
적색편이	245
초신성	253
별의 일생	263

나가면서 • 노벨 과학상	274

Maxwell's Rainbow

1장

몸풀기

큰 수와 작은 수
—거시세계와 미시세계

사람의 키 크기 수준의 길이를 서양에서는 피트(feet) 혹은 미터(m), 동양에서는 척(尺)이라는 단위로 표시하였다. 좀 더 큰 길이 즉 거리에 대해서는 마일, 킬로미터, 리(里) 등을 써 왔지만, 머리 위의 태양이나 별까지의 거리를 생각할 때는 아주 큰 숫자를 생각하지 않을 수 없다. 또한 물건의 개수를 셀 때 수백까지는 쉽게 셀 수 있다. 아주 큰 숫자는 직접 다 셀 수는 없지만, 어느 정도의 크기인지는 생각해 보면 알 수 있다. 이렇게 큰 수를 표시하기 위하여 지수가 고안되었다. 예를 들어 십만 미터라고 하면 100,000m라고 표시할 수 있지만, (10의 5승) 혹은 10^5m라고 표시한다. 숫자를 표시할 때, 0의 개수 혹은 자릿수의 숫자를 지수에 표시하면 된다. 또한 사람들은 현미경의 발달로 미시세계를 확대해 볼 수 있게 되면서 미시세계에서 크기의 표시 방법에 대해서도 생각하게 되었다. 그것은 몇 분의 1m라고 표현이 될 수 있는데, 지수에 마이너스 얼마라는 표현을 쓴다. 예를 들어 천분의 1은 1/1,000이라고 써도 되고 (10의 −3승) 혹은 10^{-3}으로 나타낼 수 있다.

우리는 큰 숫자를 셀 때나 큰 금액을 표시할 때, 만(萬), 억(億), 조(兆), 경(京), 해(垓) 등으로 만 배씩 즉 10^4배씩 증가한다. 한편 서양에서는, 예를 들어 영어권에서는 천 배씩 즉 10^3배씩 늘어난다. 즉 thousand(10^3), million(10^6), billion(10^9), trillion(10^{12}) 하는 식이다. 그러다 보니 필자의 경험으로는 1억 원을 영어로 표현할 때 one hundred million Won이라고 해야 하는데, 머리를 한참 굴려 계산과 번역을 해야 된다. 과학의 세계에서는 중요한 지수를 문자로 표시하는데, 이를 일상생활에서도 널리 쓰고 있다. 다음 표에 이를 표시하였다.

표 1 큰 수와 작은 수

큰 수	기호	읽는 법	작은 수	기호	읽는 법
10^3	k	kilo	10^{-3}	m	milli
10^6	M	Mega	10^{-6}	μ	micro
10^9	G	Giga	10^{-9}	n	nano
10^{12}	T	Tera	10^{-12}	p	pico
10^{15}	P	Peta	10^{-15}	f	femto

우리에게는 익숙한 삼천리(三千里)라는 말이 있다. 삼천리는 함경북도 북단에서 제주도 남단까지의 거리가 삼천리라 하여, 우리나라 국토를 비유적으로 이르는 말이라는 설이 있다. 1리(里)는 0.4km니까 삼천리는 1,200km이다. 최남선(1890~1957)에 따르면 전라남도 해남에서 서울까지의 거리가 1천 리, 서울에서 함경북도 온성까지의 거리가 2천 리, 합쳐서 3천 리가 된다고 한다. 필자가 어렸을 때 할아버지에게서 들은 말에 따르면, 서울에서 남쪽으로 경상도 혹은 전라도까지의 거리 1천 리, 서울에서 북쪽으로 평안도 의주까지의 거리 1천 리, 또 함경도 길주까지 1천 리, 모두 합쳐서 삼천리라고 한다. 혹자는 삼천리는 우리나라의 최북단 두만강에서 제주도까지 이르는 길이와 동서의 폭을 수학적으로 계산하여 나온 합의 숫자라고 풀이한다. 즉,

두만강과 제주도의 최장 길이 840km에 동서의 폭 최대 길이 360km를 합쳐서 리로 계산한 것이라고 한다. 840km를 리로 계산하면 2,100리에 해당하며 360km는 900리에 해당하는 길이이다. 이 길이와 너비, 즉 한반도의 가로, 세로의 길이를 합하면 결국 3,000리(삼천리)라는 답이 나온다. 보통 삼천리 뒤에 금수강산이란 말이 붙는다. 금수강산(錦繡江山)은 비단에 수를 놓은 것처럼 아름다운 강과 산이라는 뜻으로, 우리나라의 산천을 비유적으로 이르는 말이다. 우리나라 애국가 후렴에 이 같은 표현이 나온다.

> 무궁화 삼천리 화려 강산
> 대한 사람 대한으로 길이 보전하세.
> ―애국가 후렴

우리 보통 사람들은 삼천리보다 큰 단위는 생각지도 못하다가, 서양 문물이 들어오고 6·25 전쟁을 치르며 더 큰 숫자에 눈을 뜨게 되었다. 지구의 지름(약 12,800km), 달까지의 거리(약 38만km), 태양까지의 거리(약 1억 5천만km) 등이 그 예이다. 그러다가 우리의 기술이 비약적으로 발달하면서 일상생활에서도 큰 수를 지칭하는 문자들이 쓰이게 되었다. 필자의 기억으로는 1980년대에 반도체 메모리 칩인 DRAM(dynamic random access memory)을 우리가 개발하고 생산하기 시작하면서 256K, 1M 등의 표현이 언론에서 언급되기 시작하였다. 그 뒤 4M, 16M, 64M, 256M 등이 나왔다. 1M DRAM은 약 백만 개의 트랜지스터가 들어있는 반도체 칩이다. 반도체 기술의 미세화와 더불어 트랜지스터의 크기가 비약적으로 줄어들고, 1개 칩 안에 들어있는 트랜지스터의 숫자는 비약적으로 늘어나게 되었다. 보통 큰 숫자는 M, G, T, P 등과 같이 영어 대문자로 표기하는데 10^3을 의미하는 킬로(k)는 km, kg 등과 같이 소문자로 표기한다. 아마 사람들 생각에 천(1,000) 정도의 숫자는 만만해 보인다는 뜻이 아닐까 생각해 본다.

한편 개인용 컴퓨터(personal computer)의 출현으로 초기에는 간단한 메모리가 채용되었지만, PC의 다양화 및 보급 확대로 인하여 컴퓨터에 쓰이는 저장 용량의 요구량이 획기적으로 증가하였다. 영구적인 저장 매체로는 단가 대비 용량이 큰 자성(magnetism)을 이용한 부품이 주로 사용된다. 우리가 말하는 HD(hard disc), 외장 하드 등이 그런 것들이다. 저장 용량을 표기하는 용어로 M(메가) 시대는 꽤 오래전이고 보통 G(기가)를 쓰고 지금은 T(테라) 정도는 쓴다. 한편 무선통신의 발달과 함께 휴대전화가 급격하게 많이 보급되면서, 통신회사들의 기술개발도 박차를 가하게 되었다. 여기서는 데이터의 전송속도와 전송 가능한 데이터의 양이 중요한 모양인데, 통신 분야에서는 기술의 발달을 세대(Generation)로 구분하고 있다. 세대별로 자세한 기술 사양에 대해서는 필자를 비롯한 일반인들은 잘 모르고 있지만, 지금은 4G를 넘어서 5G이다. 이렇게 통신 분야에서 세대를 의미하는 G를 쓰고 있어서인지, G를 기가란 의미로 쓰는 것은 지양하는 분위기 같다.

다음에는 미시세계를 살펴보자. 작은 숫자를 표기할 때 보통 영어 소문자로 쓴다. 관습적으로 미크론이란 말을 써 왔기 때문인지 10^{-6}을 표기할 때는 그리스문자 μ을 쓴다. 한편 일상 용어로 센티(centi)라는 말을 많이 쓰는데, 이는 백(100) 분의 1이라는 말이다. 1cm(centimeter)는 0.01m이고 10mm(millimeter)이다. 주사액 등 액체의 용량으로 cc를 많이 쓰고 있는데, cc는 cubic centimeter의 준말로서, 모서리가 1cm인 정육면체의 부피(체적)를 의미한다. 보통 성인의 엄지손가락 손톱의 크기가 1cm×1cm 정도 되는데, 여기에 1cm 깊이를 곱한 정도의 부피라고 기억하면 된다. 또 일상생활에서 1,000cc는 1리터(liter)인데, 1리터의 부피는 성인의 엄지손톱 밑을 베어 낸 부분의 천배의 부피라고 생각하면 감이 올 것이다. 콜라나 사이다 페트병의 용량은 대략 1.5리터이다.

  1mm는 보통 자(ruler)의 최소 눈금으로 우리 맨눈으로 식별할 수 있는 간격이다. 이보다 더 천(1,000) 분의 1로 줄인 길이가 1μm이다. 보통 μm을 미크론이라고 부르지만, 마이크로미터가 바른 표현이다. 이는 우리 육안으로는 식별이 안 되고 보통 광학현미경으로 확대하면 식별할 수 있다. 광학현미경으로 생물의 세포를 볼 수 있고 금속이나 광물의 미세조직을 관찰할 수 있게 됨으로써 우리 인류는 미시세계를 이해하게 되었다. 육안보다 더욱 자세하게 물체를 관찰하려는 노력이 언제부터 시작되었는지 정확히 알 수 없지만, 광학 렌즈의 발명으로 물체를 확대해 보게 되면서 물체는 우리가 눈으로 볼 수 없는 하부조직(structure)으로 되어 있다는 것을 알게 되었다. 확대경으로 우리의 손등을 들여다보면 살결과 땀구멍 등이 신기하게 보이듯이, 광물이나 금속의 표면을 확대해 보면 광물 혹은 금속의 조직을 볼 수 있고 그것들의 특징을 새롭게 파악하게 된다.

  우리가 맨눈으로 식별할 수 있는 물체의 크기는 얼마나 될까. 작은 곤충의 크기가 1~10mm이다. 우리 머리카락의 굵기는 대략 0.05~0.1mm이다. 이렇게 작은 수준의 길이를 표시하기 위해서는 밀리미터보다 마이크로미터(μm)로 표시하는 것이 편리하다. 1mm는 1,000μm이므로 머리카락의 굵기는 50~100μm라고 표시된다. 우리 머리카락은 길이가 수 cm 정도로 길어서 우리 눈으로 쉽게 식별되지만, 지름이 50μm인 둥근 먼지는 맨눈으로 식별이 어렵다. 이것을 가능하게 해 준 것이 광학현미경이다. 현미경의 발명으로 우리는 마이크로미터의 세계를 볼 수 있게 되었다. 특히 생물 분야에서 경이로운 발견이 있었는데, 그 대표적인 것이 바로 세포(cell)의 발견이다. 적혈구 세포의 크기가 100μm 정도이고, 박테리아의 크기는 1~10μm이다. 이것은 새로운 세계의 발견이었다. 렌즈의 발명으로 먼 우주를 가깝게 볼 수 있게 됨과 동시에 미시세계도 확대해 볼 수 있게 되었다.

이러한 추세를 반영하여 미세한 영역을 의미하는 마이크로(micro)라는 접두어가 생겨났다. 우리는 영어사전에서 micro로 시작되는 단어를 꽤 많이 찾을 수 있다. 예를 들면 현미경은 microscope, 미생물학은 microbiology이다. 미세한 영역을 지칭할 때는 micro를 붙이고 이에 반대되는 개념에는 접두어 매크로(macro)를 붙인다. 경제학에서 microeconomics를 미시경제학, macroeconomics를 거시경제학이라고 부른다. 영어 단어 microwave나 microgravity에서 micro는 단순히 미세하다 혹은 작다는 의미이다. 미세한 전자회로를 만드는 반도체 기술을 microelectronics라고 부르는데, 지금은 나노미터 크기로 회로가 더 미세해져서 잘 쓰지 않는 말이 되었다. 아주 미소한 LED(light emitting diode)를 화소로 하여 디스플레이를 제조하는데, 이때의 소자를 micro LED라고 부르기도 한다. 게이츠(Bill Gates, 1955~)는 자기가 창업한 회사의 이름을 소프트웨어(software)와 마이크로(micro)의 합성어인 Microsoft라고 하였다.

1933년 독일의 루스카(Ernst Ruska, 1906~1988) 등은 진공 속에서 자기장 렌즈로 집속(集束)한 고속의 전자들을 얇은 고체 시료에 충돌시켜 사진 건판에 확대된 상을 만드는 투과전자현미경(transmission electron microscope)을 발명하였다. 전자들은 가시광선보다 훨씬 짧은 0.004nm 정도의 파장을 갖는데, 이것을 사용하는 전자현미경의 분해능은 대략 0.1nm이고 10만 배 이상의 배율을 얻을 수 있다. 전자현미경을 설명하면서 우리는 자연스럽게 나노미터(nm)란 단위와 만나게 되었다. 1μm는 1,000nm이다. 거꾸로 따져보면 1nm는 천분의 1μm, 백만분의 1mm, 10억분의 1m이다. 원자의 크기를 나타내는 단위인 1 옹스트롱(Angstrom)은 10분의 1nm이다. 원자핵의 크기는 대략 10^{-15}m, 혹은 수 펨토미터로 원자 크기의 약 10만분의 1 정도이다.

사진찍기를 좋아하고 카메라에 정통한 사람은 조리개(shutter)를 여닫는 시간을 중요시한다. 우리는 의성어로 카메라 셔터 여닫는 소리를 '찰깍'이라고 묘사하고 있다. 셔터 스피드(shutter speed)는 셔터가 작동하는 시간의 길이, 즉 셔터가 열려 있는 시간의 길이를 말한다. 영화 애호가나 전자회로를 다루는 사람들은 synchronization이라는 말을 쓴다. 사전에는 synchronization을 '동시에 하기', '시계를 맞추기', '영화의 화면과 음향의 일치', '동기화(同期化)' 등으로 설명하고 있다. '같다'라는 뜻의 syn과 '시간'이라는 뜻의 chron의 합성어이다. 수영장에서 여러 명이 하는 무용을 synchronized swim이라고 한다. 여러 명의 수중 무용 참가자들이 마치 한 사람이 연기하듯 동시에 같은 몸놀림을 하여야 높은 점수를 받을 수 있다. 전자회로에서 어떤 행위(action) 후 몇 초 뒤에 다른 action이 일어나도록 설계하는 일이 많다. 이 시간 차이가 짧은 게 좋을 때가 많이 있는데, 이 짧은 시간을 표시할 때 pico second 혹은 femto second란 단위를 쓴다. 참고로 펨토보다 천분의 1만큼 작은 양인 10^{-18}을 아토(atto)라고 한다.

MKS와 cgs
—단위 체계

우리가 일상생활에서 숫자를 말할 때는 꼭 뒤에 단위를 부쳐야 한다. 숫자 뒤에 원(₩)을 부치느냐 달러($)를 부치느냐에 따라 그 결과는 엄청나게 차이가 난다. 누가 1m라고 하면 길이를 얘기하고 있구나, 1kg이라고 하면 어떤 물체의 무게를 말하는구나, 1초라고 하면 아주 짧은 시간을 의미하나 본데 하고 얼른 알아차린다. 국가의 경제 질서를 잡기 위해서는 어떤 기준이 있어야 한다. 예로부터 국가에서 이 기준을 정하였는데 이를 도량형(度量衡)이라고 한다. 자(길이), 되(부피), 저울(무게)에 관하여 법으로 정의하고, 시장에서 속임수가 있는지 단속하였다. 국가에서는 법으로 원기(原器)를 정하였다. 원기로 정한 물체도 환경에 따라 그 길이나 무게가 바뀔 수 있으므로, 오늘날에는 다른 물리학적 지식을 이용하여 도량형을 정의하고 있다.

과학자들도 물리적인 양을 얘기할 때 꼭 단위를 생각한다. 역학이나 물체의 운동을 논의할 때, 거리, 중량, 시간에 관한 정보만 있으면 충분하다고 생각했다. 이것들은 기본 단위라고 볼 수 있다. 넓이는 길이를 두 번 곱한 것이고, 부피는 길이를 세 번 곱한 것이다. 단위가 같아야 그 양들을 서로 더하거나 뺄 수 있다. 옛날에는 물리 교과서에서 길이는 cm, 무게는 g, 시간은 s, 줄여서 cgs 단위를 사용하였다. 그러나 어느 시점에서는 국제적인 규격으로 m, kg, s가 기본적인 단위가 되었다. 이를 줄여서 MKS 단위 체계라고 한다. 이 말은 보통 영어 대문자로 표시하고, 세계적인 재료 물성 측정기 제조회사 이름에도 MKS가 사용되고 있다. 길이 혹은 거리는 1차원인데, 숫자 뒤에 m를 붙인다. 2차원에서는 넓이라고 하는데 꼭 m의 제곱(m^2), 3차원에서 부피는 m의 세제곱(m^3)으로 표시된다.

다른 물리적인 양끼리의 조합도 생각해 볼 수 있다. 속도(속력)는 시간당 거리의 변화인데 m/s로 표시된다. 물체의 가속도는 시간당 속도의 변화량으로 m/s^2으로 표시된다. 힘은, 뉴턴의 운동에 관한 제2 법칙인 F = ma에 의해 질량에 가속도를 곱하면 된다. 따라서 힘의 단위는 kg · m/s^{2}가 된다. 조금 길다. 관계되는 국제 학회(협회)에서 어느 순간에 관련 있는 유명한 과학자 이름을 붙이기로 하여 힘(force)의 단위는 고전물리학의 아버지 뉴턴(Isaac Newton, 1643-1727)의 이름을 따라 N(뉴턴)이 되었다. 즉 1N이란 1kg의 물체에 1m/s^{2}의 가속도를 유지하는 데 필요한 힘의 양이다. 지구상에 있는 물체는 중력의 영향을 받고 있다. 중력은 F = mg라고 표시할 수 있으며, g를 중력가속도라고 부르며, g = 9.8 m/s^{2}이다. 1 kg의 물체가 지구상에서 중력의 영향으로 9.8 kg · m/s^2, 즉 9.8N의 힘을 받고 있다고 볼 수 있다. 옛날식 표현으로는 1kg 중(重)이라고 했다.

지구 위에 있는 모든 물체는 공기가 누르는 힘을 받고 있다. 이 힘을 단위면적으로 나눈 값을 대기압(atmospheric pressure)이라고 한다. 일반적으로 압력은 단위면적에 작용하는 힘인데 그 단위는 N/m^{2}이다. 이 압력의 단위를 요즈음에는 간단하게 프랑스의 과학자 파스칼(Blaise Pascal, 1623~1662)의 이름을 붙여 Pa라고 표시한다. 옛날에 기상예보를 들으면 예를 들어 '중심기압이 1,050밀리바(millibar)'라는 말이 나온다. 어럽쇼. 밀리는 1/1000이라는 뜻이니까 1,050밀리바라고 하면 1.05바(bar)라는 얘기네. 고기압과 저기압의 중심기압의 차이가 1,000밀리바에서 그리 크지 않으므로 기상도에서 그 크기를 쉽게 나타내기 위하여 바를 쓰지 않고 굳이 밀리바를 썼다고 생각된다. 1970년대 국제협회에서는 대기압의 단위로 밀리바 대신 헥토파스칼(hPa)을 사용하기로 했는데, 우리는 관습적으로 기상예보에서 그냥 밀리바를 쓰다가 1990년대에 국제적인 규정을 따르기로 했다고 한다. 헥토(h)는 10의 5승을 의미한다. 10의 6승인 M(메가)보다 작은 센티(c), 킬로(k), 헥토(h)는 지수가 양(+)이어도 모두 소문자로 표기하나 보다.

한편 물리적인 일(work)은 [힘×거리]라고 정의되는데, 어떤 물체를 1N(뉴턴)의 힘을 들여 1m를 움직였다면, 이때 수행한 일의 양을 1J(줄)이라고 한다. 즉 $[J] = [N \cdot m] = [kg \cdot m^2 s^{-2}]$. 일의 단위 [J]은 영국의 과학자 줄(James Prescott Joule, 1818~1889)의 이름에서 따온 단위이다. 한편 열역학 제1 법칙에 의하면 열과 일과 에너지가 등식으로 연결되어 있고 열에서 일을 뺀 것이 (내부)에너지라고 되어 있으므로 이 셋은 모두 같은 단위를 갖고 있다. 실험을 통하여 열과 일, 에너지의 등가성을 정량화한 사람이 바로 줄이다. 일과 에너지의 단위는 그의 업적을 기리기 위하여 그의 이름의 머리글자인 [J]를 사용하고 있다.

그전에는 열량의 단위로 calorie를 썼는데, 기호로 cal을 사용한다. 1 cal은 1기압 아래에서 순수한 물 1g의 온도를 1℃만큼 올리는 데 필요한 열량으로 정의된다. 1kg의 물의 온도를 1℃ 올리는 데 필요한 열량은 대문자 C를 써서 Cal 혹은 킬로칼로리(kcal)라고 나타낸다. 식품이나 다이어트 등 영양학 분야에서는 아직도 열량의 단위로 cal을 쓰고 있지만, 학술적으로는 열량의 단위는 꼭 J를 쓴다. 1845년에 1cal = 4.2J을 실험적으로 밝혀내고 그 결과를 출간한 이가 바로 과학자 줄이다.

일 또는 에너지의 양을 시간으로 나눈 값을 power라고 한다. Power는 일반적으로는 권력이나 힘을 뜻하는데, 자연과학이나 공학 분야에서는 단위 시간에 수행하는 일의 양을 의미한다. 영어로 power를 우리말로는 동력, 일률, 출력 등으로 번역하고 있다. 간단히 말을 식으로 설명하면, 출력=일/시간=(힘×거리)/시간=힘×속도가 되고, 출력의 단위는 보통 W(와트)를 쓰는데, MKS 단위로 나타내면 $kg \cdot m^2 s^{-3}$이다. 와트(W)에 시간을 곱하면 에너지 혹은 일의 양이 된다. 우리 집에 매달 나오는 전기요금 고지서를 보면 그달의 전력 사용량의 단위는 몇 kWh(킬로와트시)라고 나와 있다.

마력은 주로 엔진, 터빈, 전동기 따위에서 일률 혹은 출력을 나타내는 데 사용한다. 마력(馬力)이라는 말은 짐마차를 끄는 말이 단위 시간(1분)에 하는 일을 실측하여 1마력으로 삼은 데서 유래한다. 마력으로는 영국 마력(hp, horse power)과 독일 프랑스에서 쓰는 미터 마력이 있다. 영국에서 길이는 피트(ft), 무게는 파운드(lb)로 나타내니까, 1 영국 마력은 매초 550 ft · lb, 즉 매분 33,000 ft · lb의 일에 해당한다. 마력이란 단위는 영국의 와트(James Watt, 1736~1819)가 증기기관의 성능을 재기 위해 도입했다. 당시에 짐마차용 말을 사용해서 시험한 결과를 채택했다고 하는데, 그 당시 보통 말이 할 수 있는 일의 양보다 50% 정도 많았다고 한다. 현재 개량된 우수한 말은 4마력 정도의 능력이 있다고 한다.

한편 미터법을 사용하는 독일과 프랑스에서는 길이는 미터(m), 무게는 킬로그램(kg) 단위를 적용해 프랑스 마력 혹은 독일 마력(ps, pferdestärke)이라는 단위가 나왔다. 이를 미터마력이라고 부른다. 1 미터마력은 말이 1초(s) 동안에 75kg의 물체를 1m 이동하는 일을 수행할 때 소요되는 동력(출력)을 말한다. 매초 75 kg · m의 일은 매분 4,500 kg · m의 일에 해당한다. 75 kg · m/s×60s/min = 4,500 kg · m/min. 좀 더 셈을 하면 영국 마력과 미터마력의 관계는 1 미터마력 = 0.9858 영국 마력이 된다.

엔진의 성능을 마력으로 나타내는 것은 옛날식 표현이다. 요즈음은 엔진의 성능을 표시할 때 W(와트)를 쓴다. 1ps=75 kgf·m/s=75×9.8 N·m/s= 약 735.5W가 된다. 우리 일상생활에서도 마력보다는 W(와트)라는 단위가 더 익숙하다. 필자가 10년 이상 타고 있는 배기량 2,000cc인 6기통 휘발유 차량의 설명서를 보면 자동차의 최대 출력이 141ps라고 나온다. 엔진의 분당 회전수(revolutions per minute)는 6,200rpm이다. 이 설명서에 따르면, 자동차 엔진의 최대 출력이 141마력이라는 얘기인데, 요즘 말은 힘이 좋아 옛날 말의 4배라고 하면, 대략 35마리의 말이 끄는 마차를 몰고 다니는 셈이다.

전기가 우리 생활이나, 과학, 공학에서 일반화되면서 관련되는 단위가 생겨 나왔다. 전기량은 쿨롱(C), 전류는 암페어(A), 전압은 볼트(V), 저항은 옴(Ω)을 단위로 쓴다. 전기학에서도 에너지의 단위는 줄(J)로 나타내나 편의상 eV란 단위도 쓴다. 선기학에서 출력 혹은 전력량 단위로 W(와트)를 쓴다. 전기장의 세기는 V/m이다. 자기장 세기는 SI(국제표준) 단위로 테슬라(T)이다. 1T(tesla)는 기존에 쓰던 단위인 gauss의 만(10,000) 배다. 약간의 물리와 수학적 관계식을 이용하면 1T는 전하의 이동도(mobility) 단위의 역수로 Vs/m²이라고 쓸 수 있다.

전기공학에서는 power를 전력으로, 에너지(일)를 전력량이라고 말한다. 일 또는 에너지의 양을 시간으로 나눈 값이 전력이니까, 단위로 보면 [W] = [J/s]이다. 결국, 일의 양은 [J] = [Ws]라고 표시할 수 있다. 매월 집에 전달되는 전기요금 고지서를 찾아보면, 그달 쓴 전기량을 kWh 단위로 표시하고 kWh 당 몇 원인 요율을 적용하여 그달의 전기요금이 나온다. 초 단위는 너무 짧은 시간이라 시간(hour) 단위로 사용한 전기량으로 표시하고, 1시간(h)은 60분/시간×60초/분 = 3,600초(s)이고, 1kW는 1,000W니까, 1kWh = 3.6J이 된다. 일 또는 에너지의 과학적인 표준 단위는 [J]이지만 공학적으로는 [kWh]를 선호한다.

일은 결국 사람이 하는 거니까 인력(人力)이 매우 중요하다. 관련되는 말로 노동력이라는 말이 있다. 옛날 우리나라에 인력거라는 교통수단이 있었고, 인력거를 끄는 사람은 땀을 흘려가며 사람의 힘으로 손님을 이동시켜 주고 노동의 대가로 돈을 받았다. 요즘도 일부 국가의 관광지에서 비슷한 교통수단을 볼 수 있다. 한때는 짐을 옮겨주는 지게꾼이라는 직업도 있었다. 엔진에 의한 동력화가 진행되면서 이런 직업들이 없어지고 대신 택시와 화물용 용달차가 등장하였다.

어느 가을날 자동차로 외출하고 돌아오는데 차량 전용 도로 진출로 램프(ramp)에 차가 많이 밀려 있다. 서다 가다 반복하는데, 우연히 앞차를 보니 화물차였다. 화물차 뒤에 의미 있는 문자와 숫자가 보여 한 컷 사진을 찍어 보았다. 최대적재량이 1,000kg이라니 1톤짜리 화물 트럭이다. 133ps라고 쓰여 있네. ps는 pferdestärke의 준말로 독일 마력, 즉 미터마력이라는 뜻이니, 엔진의 출력이 133ps×735.5W/ps=9782.15W(와트)네. 옛날에는 말의 체력이 약해서 요즘 말의 4분의 1(1/4)이라고 하니, 약 말 33 마리가 끄는 마차와 같네. CRDi(common rail direct injection)이라고 쓰여 있는 걸 보니, 디젤차라는 얘기네. 철판이 찌그러진 데도 있고 페인트가 벗겨져 녹이 슨 게 보이니 꽤 오래된 차네. 지난번 요소수 파동 났을 때 운전자가 마음고생이 심했겠네. 요즘 디젤유 값이 많이 올라서 운전자 걱정이 심하겠어. 이런저런 생각을 하다가 어느새 정체 지역을 빠져나왔다.

앞에서 여러 가지 예를 들었지만, 과학적 양의 단위는 시대에 따라 명칭이 바뀔 수 있다. 예를 들어 초당 진동수(/s)인 전파의 주파수를 사이클(cycle)이라고 불렀는데 어느 순간 관련 국제학회(협회)에서 헤르츠(Hertz)로 바꾸고 기호도 Hz로 정하였다. 아보가드로수(약 602해 개)만큼의 원자들의 집합체를 원자 1몰(mol)이라고 하는데, 탄소 원자 1몰의 질량을 12g이라고 정하고 모든 원자의 질량을 원자량(atomic weight)이라고 하여 원소주기율표에 표기하였는데, 모든 원소에 동위원소가 존재함을 알게 된 후에 원소마다 자연계의 동위원소 존재량을 반영하여 산술평균으로 원소의 원자량을 계산하여 주기율표에 표시하였다. 탄소는 세 종류의 동위원소 즉 12C, 13C, 14C가 있는데, 자연계에서 각각 98.93%, 1.07%, 1×10^{-10}%의 비율로 존재한다. $12 \times 0.9893 + 13 \times 0.0107 + 14 \times 0.000000000001 = 12.0107$이 되는데 반올림하여 이제는 탄소의 원자량은 12 대신 12.011이라고 말한다. 수소의 원자량도 1인 줄로 알았었는데, 자연계에 있는 수소 원자의 동위원소의 양을 반영하여 이제는 1.0079이다.

색맹과 음치
―눈과 귀

우리 몸은 보통 오감(五感)이라는 감각을 갖추고 외부세계를 감지하고 있다. 오감이란 시각, 청각, 촉각, 후각, 미각을 말한다. 제6의 감각으로 육감(六感)이라는 말도 있다. 물론 이 말은 육체적으로 느끼는 본능적인 육감(肉感)과는 다른 말이다. 오감 중에서 시각과 청각은 공간에서 파동(wave)의 형태로 전달되는 신호를 감지한다. 육감은 무엇을 감지하는지 아직은 정설이 없다. 시각은 눈으로, 청각은 귀로 외부의 자극을 인식한다. 이러한 신호를 뇌에서 분석하여 생활에 적응하고 있다. 이러한 감각 기능이 결여(缺如)되면, 시각 장애인 혹은 청각 장애인이라고 한다. 정상인이라고 하여도 색감과 음감은 사람에 따라 혹은 훈련받은 정도에 따라 천차만별(千差萬別)이다. 신체적 감지 능력이 떨어지면 안경이나 보청기를 끼고 생활하면 된다. 눈이 아프면 병원의 안과(ophthalmology, eye clinic)에 가서 전문의의 진료를 받아야 하고, 청력에 이상이 있으면 이비인후과(耳鼻咽喉科) 병원에 가 봐야 한다. 이비인후과는 전문 영어로 otorhinolaryngology 혹은 otolaryngology라고 하는 모양인데, 요즈음은 쉬운 영어로 ear, nose & throat 그냥 약어로 ENT clinic이라고 하나 보다.

우리가 지금은 잘 알고 있듯이, 눈은 외부의 빛이라는 전자기파를 감지하고 이 신호를 뇌에 보내어 형태와 원근을 구별하는 이미지를 형성하고, 아울러 색감을 입혀서 사물을 인식한다. 이 빛을 가시광선이라고 부르는데, 눈으로 볼 수 있는 빛이라는 뜻으로, 전체 전자기파의 스펙트럼에서 가시광선이 차지하는 영역은 극히 좁다. 이 빛은 전달 속도가 무척 빠르다. 광속은 자연에서 속도의 극한인 3×10^8m/s이다. 이 지구상에서 가장 센 빛의 공급처는 태양이다. 인류의 지식이 풍부해지면서 인공적인 발광 방법을 발견하고 여러 가지 발광체를 발명하였다.

인류가 눈으로 본 것을 표현하려는 노력이 미술이라는 예술을 탄생시켰다. 사물의 형태를 나타내려는 노력에서 시작하여 그 사물에 색을 입혀서 표현하려고 하였다. 선사시대의 동굴이나 무덤의 벽화 등에서 그런 흔적이 발견된다. 인류의 역사와 함께 미술의 사조가 바뀌고 기술의 변천에 따라 새로운 기법이 등장하였다. 사물을 드로잉하고 채색을 잘하는 것은 아무나 할 수 있는 게 아니고 그런 재주가 있는 사람을 우리는 화가 혹은 미술가라고 부른다. 물론 다른 명칭도 사용되었다. 그림의 종류도 인물화, 정물화, 풍경화 등으로 분류되고, 구상화니 추상화라는 말도 사용한다. 미술도 기술의 영향을 많이 받아 왔는데, 색깔을 표현하기 위해 사용하는 물감의 개발이 그 시대의 미술가들을 좌지우지하였다. 옛날 서양에서 화가들이 먼저 밑그림을 그려 놓고 재력가가 좋은 물감을 구할 때까지 기다렸다는 이야기가 있다. 산업혁명 이후 기술의 발달로 여러 가지 물감이 개발되고 이를 사용하기 편리하게 튜브 형태로 화가에게 값싸게 공급할 수 있어서 화가가 경제적으로 독립할 수 있게 되고, 그들의 작품활동이 왕성해지게 되었다.

외부의 상(像)을 인식하는 우리의 눈은 참 변화무쌍하다. 우리말에 백안시(白眼視), 청안시(靑眼視)라는 말이 있다. 중국 진(晉)나라 시절 완적(阮籍)이라는 사람이 반갑지 않은 사람은 백안으로 대하고, 반가운 사람은 청안으로 대하였다는 고사에서 유래하는 말인데, 남을 업신여기거나 냉대하여 흘겨보는 것을 백안시한다고 말하고, 남을 좋은 마음으로 보면 청안시한다고 말한다. 실제로 사람의 눈은 다른 동물보다 더 발달하여 눈의 흰자위(白眼)와 눈동자(靑眼)가 크고, 그 감정이 그대로 눈에 나타난다고 한다. 그래도 우리 눈에 감지되는 전자기파는 상한과 하한이 분명한 가시광선 영역뿐이다. 야간에 먹이 활동을 수행하는 올빼미나 야수들의 눈은 적외선을 감지하고 일부 곤충들은 자외선을 감지하는 것 같다.

이러한 소중한 눈을 질병이나 사고로 다친 사람을 옛날에는 소경, 장님, 맹인(盲人), 봉사 등으로 불렀으나 요즈음은 시각 장애인이라고 부른다. 우리의 고대소설 심청전에서 아버지 심학규가 시각 장애인으로 나온다. 미국의 켈러(Helen Keller, 1880~1968)는 태어난 지 19개월 되었을 때 심한 병에 걸려 목숨을 잃을 뻔하다 살아났으나 그 여파로 청각과 시각을 잃었다. 마침내 앤 설리번 선생님을 만나 맞춤 학습의 영향으로 장애를 극복하고 유명 인사가 되었다. 이제 시각 장애인의 숫자는 의술과 생활환경의 개선으로 현저히 줄어든 것 같다.

이렇게 시각장애가 있는 사람도 정상인처럼 살아가려고 노력하는데, 개중에 겉보기에는 눈이 멀쩡하나 앞을 제대로 보지 못하는 눈을 가지고 있는 사람이 있다. 이들을 청맹과니 혹은 청맹(靑盲)이라고 한다. 혹은 그런 척하는 사람을 비유적으로 일컫는다. 또 한편으로 고집이 세고 미련한 사람을 벽창호라고 말한다. 한편 색맹 혹은 색약이라는 말이 있는데, 일부 색상을 구별하지 못하는 경우를 말한다. 적색과 녹색을 구별하지 못하는 경우를 적록색맹이라고 하는데, 아시아인에게서 20여 명 중의 1명꼴로 나타난다고 한다. 일상생활에 큰 지장은 없다고 한다. 우리에게는 언어적인 색맹이 있다. 필자는 이를 청록색맹이라고 부른다. 우리 말에 교통신호등의 색깔은 분명 녹색(green)인데, OK 신호를 청(blue)신호라고 하고, 청산(靑山)과 청천(靑天)이라는 말에서 보듯이 하늘의 청색과 숲의 녹색을 구분하여 쓰지 않는다. 요즘 세대에는 이 두 가지 색을 구별해서 사용하는 훈련을 국어 시간에 하지만 우리 옛 선인들은 둘을 특별히 구분해서 쓰지 않았다.

소리를 감지하는 역할은 귀가 담당한다. 소리는 공기 중의 압력의 높낮이로 구분한다. 음속은 340m/s로서 광속에 비하면 아주 느리고, 전달 영역도 보통의 경우 아주 작다. 천둥소리나 새소리 등 자연의 소리를 감지하기도 하지만, 우리가 입으로 내는 말소리를 귀가 듣는다. 소리를 통해 제대로 소통하기 위해 언중을 형성하며 언어가 발달하였다. 요즘은 청각 장애인이라 하지만 옛날에는 귀머거리라고 했다. 듣는 능력은 어려서부터의 훈련이 중요하다. 어려서 듣는 훈련을 제대로 하지 못하면 말을 제대로 못 하게 되는데, 이를 벙어리라고 불렀다.

보통 언어 혹은 문학이 말이라는 이름으로 소리를 취급하지만, 음악은 우리가 내는 소리를 예술로 승화시킨다. 음악이란 소리 즉 음(音)을 재료로 하여 생각이나 감정을 표현하는 예술이다. 그런데 모든 소리가 음악은 아니다. 어떤 소리가 음악인지 아닌지는 문화를 공유하는 집단에 의해 결정된다. 그래서 똑같은 소리가 어떤 사회에서는 음악이고 다른 사회에서는 음악이 아닐 수도 있다. 보통 리듬, 멜로디, 하모니를 음악의 3요소라고 한다. 하모니가 없는 음악도 있으므로 음악을 이루는 기본 요소는 리듬과 멜로디다. 보편적으로 음악은 길고 짧은 음과 세고 약한 음이 순차적으로 결합하여 있는데 이를 리듬이라고 한다. 여기에 음높이의 변화가 결합하면 멜로디(가락, 선율)가 되고, 여러 음이 동시에 표현되면 하모니(화성)가 된다.

박자(time)나 빠르기(tempo) 등으로 표현되는 리듬은 음악에 가장 근본적인 요소다. 리듬은 흔히 심장의 박동에서 비롯되었다고 본다. 리듬은 근육 움직임과 같은 인체 동작에서 생겨났다는 주장도 있다. 오케스트라 지휘자가 평균적으로 장수한다고 하는 사실도 이와 연결이 된다고 본다. 지능은 좀 떨어지지만, 절대음감을 지닌 천재들이 있다. 이들은 하모니에 대해서 특별히 예민한 감각과 기억력을 가지고 있어서 곡을 한 번 듣기만 하고도 악보 없이 그대로 연주해 낼 수 있다. 그러나 이런 음악적 능력은 특출해도 리듬감은 엉망인 경우가 많다.

길거리나 공사장에 보이는 네온등이나 전구의 불빛은 좌우 혹은 위아래로 빠른 속도로 이동한다. 이때 수많은 전구 하나하나에 불이 들어왔다 꺼졌다 하는 것이지만, 우리 눈에는 전구의 불빛이 이동한다고 느낀다. 우리 뇌에서 느끼는 일종의 환상이다. 이러한 환상은 음악을 들을 때도 나타난다. '도레미파솔라시도'를 피아노 건반으로 순차적으로 쳐 보면 저음의 음이 계단을 타고 고음으로 올라가는 것으로 느껴진다. 그래서 이를 음계(音階, scale)라고 부른다. 동양 음악은 5음계를, 서양 음악은 7음계를 기초로 한다. 길거리의 네온등을 볼 때와 마찬가지로 우리 뇌는 음의 변화를 움직임으로 느낀다. 연속되는 음들의 연결에서 음이 올라가는 패턴 혹은 내려가는 패턴을 멜로디 윤곽이라고 한다. 우리는 멜로디 윤곽으로 멜로디를 느낀다. 멜로디는 이처럼 여러 음이 시간의 차이를 두고 연결되어 만들어지는데, 사람들은 리듬이나 하모니보다 멜로디를 쉽게 기억한다.

멜로디가 음의 순차적 연결이라고 보면 하모니는 음의 수직적 연결이다. 두 개 이상의 음이 동시에 울리는 화음을 연결하면 하모니가 된다. 음악의 하모니는 그림의 공간에 비유될 수 있다. 원근법이 르네상스 시대 회화에 도입된 것과 거의 동시에 서양 음악의 하모니가 훨씬 정교해졌다. 그림에서 원근법으로 삼차원적인 공간을 나타내듯이, 하모니는 시간과 음의 높이라는 이차원적인 음악에 깊이라는 삼차원적인 느낌을 부여한다. 소리의 진동이 처음으로 신경 신호로 바뀌는 곳이 달팽이관의 막인데, 막은 음을 진동수에 따라서 순차적으로 처리한다. 그래서 진동수가 비슷한 음을 처리하는 막은 바로 인접해 있는데 음고(音高)가 너무 가까운 음이 함께 들리면 막에서는 두 음을 동시에 처리하기가 어렵다. 그래서 진동수가 비슷한 음들은 서로 어울릴 수가 없다. 넓은 의미의 하모니는 세계 각지의 음악에 있었으나 대부분은 우발적이었다. 여러 나라의 민요 등과 같이 화음이 없는 음악도 많으므로 하모니를 음악의 절대적인 요소라고는 할 수 없다.

음정(音程, interval)이란 두 음이 가지는 높이(pitch)의 차이를 나타내는 용어이다. 서양 음악에서는 7음계 중간중간에 반음을 만들어 12개의 음정이 있다. 동시에 울리는 두 음의 높이의 차이를 화성적 음정(harmonic interval), 연속해서 울리는 두 음의 높이의 차이를 선율적 음정(melodic interval)이라고 부른다. 서양에서는 음을 수학적으로 분석하여 여러 가지 가능한 조합에 음계나 음정의 이름을 붙여 놓았다. 옛날에 필자가 알던 합창단 지휘자는 필자가 수학을 잘하는 이과 출신이므로 음악을 공부하면 노래도 아주 잘 할 거라고 추켜세운 기억이 난다. 고등학교 음악 시간에 오선지 위에 표시된 두 음의 음정 이름을 열심히 외웠어도 실제로 귀로 듣고 연습하지 못하니까 음정을 제대로 체득하지 못했다. 박자(time)도 시간에 대한 나누기이므로 이과생이 잘 하리라고 생각하기 쉬우나 제대로 된 실습이 없으면 말짱 꽝인 것 같다.

TV 등에서 고전적인 음악 프로그램을 보면 성악이 있는가 하면, 기악이 있다. 듀엣, 트리오, 사중주가 있는가 하면 여러 가지 악기가 등장하는 오케스트라도 있다. 성악도 소프라노, 테너 등이 혼자서 부르는 독창도 있고 여러 파트가 동시에 같이 부르는 합창도 있다. 처음 보는 곡을 악보만 보고 부르는 것을 초견

(初見)이라고 하나 본데, 참 대견스럽다. 보통 사람들은 그 노래를 듣고 멜로디를 외운 다음에 따라 불러도 제대로 음을 맞추기 힘든데 말이다. 사회에서 회식 자리가 있으면 뒤에 노래방에 가서 '가무에 능한 우리 민족'이니까 보통은 노래방 기계에 따라 자신의 애창곡을 부른다. 노래에 음정과 박자만 대충 맞으면 점수가 나온다. 그러나 개중에는 음정과 박자가 맞지 않는 사람도 있다. 그런 사람은 자신은 음치(音癡)라고 손사래를 치지만 그리 창피한 일도 아니다. 요즘 가수들은 라이브를 하는 경우 언제나 백 밴드가 있을 수는 없으므로 콘서트 등 중요한 무대가 아니라면 MR(Music Recorded)을 틀고 노래하기가 보통이다. 유명한 밴드나 가수들이 TV 방송에서 핸드 싱크(hand sync)나 립싱크(lip sync)를 한다고 해서 논란이 있었다.

대표적인 예술로 문학, 음악, 미술을 들 수 있다. 보통은 종합대학교에 단과대학으로 인문대나 문리대가 있고 그 안에 설치된 국문학과나 영문학과에서 문학을 다루지만, 음악이나 미술은 대부분 종합대학교에서 단과대학으로 독립되어 있다. 외국에는 음악이나 미술에 관련된 학과만 오직 설치되어 있는 유명한 학교도 많다. 소설이나 시 등 문학 작품은 아무나 쓰는 게 아니고 그 분야 전문가의 검증을 받고 추천을 받아야 작가로 대접을 받는다. 이런 일을 문단에 등단한다고 하였다. 마찬가지로 미술가나 음악가도 아무나 되지 못하고 해당 전문가 밑에서 장시간 수련을 받아야 한다. 훌륭한 예술가, 대가를 육성하기 위해서는 어려서부터 많은 시간과 돈의 투자가 필요하다고 알려져 있다.

뉴턴과 맥스웰
—역학, 광학, 그리고 전자기학

　근대과학은 유럽에서 그 기초가 세워졌는데, 영국의 과학자들이 큰 공을 세웠다. 특히 뉴턴(Isaac Newton, 1642~1727), 패러데이(Michael Faraday, 1791~1867), 다윈(Charles Darwin, 1809~1882), 맥스웰(James Clerk Maxwell, 1831~1879)이 인류의 과학적 사고에 큰 족적(足跡)을 남긴 대표적인 과학자라고 할 수 있다. 이 글에서는 뉴턴과 맥스웰에 대해서 생각해 보기로 한다. 두 사람은 태어난 해로 보면 189년, 사망한 해로 보면 152년의 차이가 난다. 뉴턴은 만유인력의 발견이라고 대표되는 역학 분야와 빛의 스펙트럼을 분석한 광학 분야에서 획기적인 업적을 이루었고, 맥스웰은 전기와 자기를 통합하는 방정식을 세우고 전자기파의 존재를 예측한 공로가 지대하다.

뉴턴은 1642년 크리스마스 날에 영국의 한 농가에서 태어났다. 그 해는 갈릴레이가 죽은 해이며, 코페르니쿠스가 죽은 지 100주년이 되는 해였다. 그의 아버지는 뉴턴이 태어나기 3개월 전에 세상을 떠났다. 그는 유복자로 세상에 태어난 셈이다. 남편의 죽음으로 충격을 받은 뉴턴의 어머니는 그를 조산아로 낳았다. 일찍 과부가 된 뉴턴의 어머니는 뉴턴이 3살 때 재혼했다. 그래서 뉴턴은 어머니와 떨어져 할머니 밑에서 자라게 되었다. 학교에 다닐 때 뉴턴은 학교 성적은 좋았지만, 아이들과 어울리지 못하였으며 온순하고 내성적인 성격을 가진 말수가 적은 소년이었다. 소년 시절에 뉴턴은 혼자서 공부하기를 좋아했으며, 신기한 것을 수집하기를 좋아하였고, 렌즈 등을 잘 연마하였다고 한다. 어머니의 재혼한 남편이 죽자, 어머니는 고향으로 돌아왔다. 어머니는 뉴턴의 재능을 인정하지 않아서 학교를 그만두게 하고 농사일을 돕게 했다. 어쩌면 그는 농사꾼이 되었을지도 모른다. 그러나 뉴턴의 큰아버지가 끊임없이 어머니를 설득한 덕분에 학교에 복학하고 케임브리지대학(Cambridge University)에 진학할 수 있었다.

불운한 소년 시절을 보낸 뉴턴은 1661년 케임브리지대학의 트리니티 칼리지(Trinity College)에 입학하여, 1664년에 학사 학위를 받았다. 학생 시절, 그는 렌즈 연마에 관심이 많았을 뿐 유클리드의 기하학원론조차 제대로 이해하지 못했던 평범한 학생이었다고 한다. 그러나 그에게 인생의 전환을 가져온 사건이 생겼다. 1664~1666년 케임브리지 대학가에 페스트가 크게 유행하여 사람들이 도시를 떠났고, 대학도 일시적으로 폐쇄되었다. 그 기간에 뉴턴도 고향으로 돌아가서 사색과 실험으로 세월을 보냈는데 훗날 뉴턴은 '인생에 있어서 가장 운 좋은 사건'이라고 회고했다.

1665~1666년에 그는 수학과 철학에 마음을 두고 중요한 발견을 했다. 이때 그가 몰두한 연구의 하나는 달이나 행성이 원궤도로 움직이는가 하는 것이었다. 사과나무에서 사과가 떨어지는 것을 보고 그가 만유인력의 법칙을 깨달았다는 일화도 있다. 그는 인력을 지배하는 법칙도 도출했다. 당시 케플러의 법칙은

티코의 자료에 의한 경험 법칙일 뿐, 행성이 왜 그렇게 운동하는지는 수학적으로는 밝혀지지 않았을 때이다. 뉴턴은 만유인력의 법칙과 운동에 관한 세 가지 법칙으로 행성의 모든 운동을 설명할 수 있었다. 그의 생각들은 여러 곡절을 거쳐 약 20년 후에 세상에 공표되었다.

뉴턴의 초기 연구는 광학 분야에서 두드러졌으며, 케임브리지 대학에서의 최초의 강의도 광학 분야였다. 광학에 대해서는 이미 고향에서부터 스스로 수집하고 정비한 실험기구를 이용해 빛의 분산 현상을 관찰하였으며, 특히 빛의 굴절률과 분산의 관계에 대하여 세밀히 연구하였다. 소년 시절부터 렌즈 연마에 관심이 많았던 뉴턴은 굴절된 광선은 스펙트럼을 만들지만, 반사된 광선은 그렇지 않다는 사실을 기초로, 반사 방식의 망원경이 수차와 효율 면에서 한층 뛰어나다는 사실을 알아내어 볼록렌즈 대신 오목거울을 사용하여 망원경을 제작하였다. 1672년 뉴턴은 〈빛과 빛깔의 색 이론〉이라는 제목의 논문을 왕립학회에 발표했다. 그 내용은 백색광이 7색의 복합이며 단색이 존재한다는 사실, 생리적 색과 물리적 색의 구별, 색과 굴절률과의 관련 등을 논한 것이었다. 1675년 박막의 간섭현상인 '뉴턴의 원 무늬'를 발견하였고 1704년에 〈광학〉을 저술하였다.

뉴턴은 수학에서도 큰 업적을 남겼다. 수학에서는 1665년 이항정리의 연구를 시작으로, 무한급수로 진전하여 1666년 유분법(fluxion)을 발견하고, 이것을 구적(求積) 및 접선(接線) 문제에 응용하였다. 유분법은 오늘날의 미적분법에 해당하는 것으로, 그 성과를 1669년에 논문으로 발표하였다. 1676년 독일의 라이프니츠(Gottfried Wilhelm Leibniz, 1646~1716)와 미분법에 대한 우선권 논쟁이 격렬하게 벌어졌다. 이 무렵부터 그의 사고방식도 실험적 방법에서 수학적 방법으로 그 중점이 옮겨졌는데 스스로 수학자라고 칭하였다.

뉴턴이 남긴 최대의 업적은 역학(力學, mechanics)에 있다. 지구의 중력이 달의 궤도에까지 영향을 미친다고 생각하여 이것과 행성의 운동과의 관련을 고찰한 것은 고향 체류 때 이루어졌다고 한다. 두 물체에 작용하는 힘이 거리의 제곱에 반비례한다는 사실을 어렴풋이 알고는 있었지만, 수학적 설명이 곤란해 손을 대지 못하고 있었는데, 뉴턴은 자신이 창시해낸 미적분법을 이용하여 이 문제를 해결하고, '만유인력의 법칙'을 확립하였다. 1687년 이 성과를 포함한 대저서 〈자연철학의 수학적 원리(Philosophiae naturalis principia mathematica)〉가 출판되었으며, 이로써 뉴턴역학의 체계가 세워졌다. 3부로 된 이 저서는 간단한 미적분법의 설명에서 시작하여 역학의 원리, 인력의 법칙과 그 응용, 유체의 문제, 태양 행성의 운동에서 조석의 이론 등에 이르기까지 계통적으로 논술되어 있다.

이후에 뉴턴은 1688년 명예혁명 때 대학 대표의 국회의원으로 선출되고, 1691년 조폐국의 감사가 되었으며, 1696년 런던으로 이주하고, 1699년 조폐국 장관에 임명되어 동전 화폐 주조라는 어려운 일을 수행하였다. 1703년 왕립협회 회장으로 추천되고, 1705년 기사(Knight) 칭호를 받았다. 또한, 신학에도 관심을 보여 성서의 사실을 입증하기 위해 고대사 해석을 검증하고, 천문학적 고찰을 첨가해 연대기를 작성하였다. 뉴턴은 평생을 독신으로 보냈으며, 1727년 런던 교외인 켄싱턴에서 85세의 나이로 세상을 떠났고, 장례는 웨스트민스터 사원에서 거행되고 그곳에 묻혔다. 근대과학을 완성한 당대 최고의 과학자였던 그는 겸손함도 함께 가지고 있었다. 그는 '내가 이 세상에 어떻게 비칠지 모른다. 그러나 나 자신의 눈에 비친 나는 밝혀지지 않은 진리의 큰 바다가 눈앞에 가로 놓여 있는 물기에서 장난을 지녀 조약돌이나 조개를 줍고 좋아하는 어린아이처럼 생각된다'라는 말을 남겼다.

맥스웰(James Clerk Maxwell)
은 스코틀랜드의 에든버러에서 태어났고 그는 변호사인 아버지의 독자였다. 아들 맥스웰은 어릴 때부터 호기심과 비범한 기억력을 가졌으며 8살이 되었을 때 어머니를 위암으로 잃었다. 이후 이모의 보살핌을 받고 성장하였다. 어릴 때 그는 장난감을 가지고 노는 것이 재미없다며 간단한 과학적 연구에 호기심을 발휘하는 것을 더 좋아했다. 맥스웰은 16세에 에든버러대학에 들어가자마자 곧바로 과학 논문을 발표하였다. 그 논문은 토성의 고리가 전적으로 고체 또는 액체일 수 없다고 결론을 내린 것인데 그것들은 작지만 분리된 고체 입자들로 구성되어 있다고 판단했다. 그 결론은 100년이 더 지난 후에 첫 번째 우주 탐색선 보이저호가 토성에 도달함으로써 확증되었다. 에든버러에서의 3년 동안에 그는 훌륭한 스승과 엄청난 양의 독서와 자유 분망하게 진행한 실험 덕택에 향후 과학자로서 준비를 할 수 있었다.

그는 19세에 스코틀랜드 에든버러를 떠나 케임브리지대학의 세인트 피터 칼리지(St. Peter College)에 입학하였다. 한 학기 지난 후 트리니티 칼리지로 옮겨서 1854년에 케임브리지대학을 졸업한 후 1856년에 스코틀랜드 애버딘(Aberdeen)의 매리셜 칼리지(Marischal College) 교수로 부임하였고, 1860년에 런던대학(지금의 University College London)의 킹스 칼리지로 옮겼으며, 그곳에서 일생 중에 가장 왕성한 활동을 하였다. 1865년 킹스 칼리지의 교수직을 사임하고 아내와 함께 스코틀랜드의 고향 집으로 내려가 실험과 연구를 수행하였다. 이때 불후의 명저 〈전기와 자기학에 관한 논고(A Treatise on Electricity and Magnetism)〉를 비롯한 여러 권의 저서를 집필하였다. 한편 그는 1871년 케임브리지대학 물리학과 교수로 부임하여 유명한 캐번디시(Cavendish) 연구소를 세우는 일에 참여하였다. 케임브리지에서 학생 지도와 연구 그리고 저술사업에 열중하던 맥스웰은 48세의 젊은 나이인 1879년 위암으로 세상을 뜨고 말았다. 그해에 아인슈타인(Albert Einstein, 1879~1955)이 태어났다. 맥스웰은 물리학에서 뉴턴과 필적할 만한 업적을 세웠으나 영국의 다른 유명한 과학자들처럼 기사 등의 작위를 받지 못하였고, 사망 후 국가 차원의 장례식 절차도 없이 고향 집 가까운 곳에 묻혔다.

맥스웰은 생전에 색채학을 비롯한 여러 분야의 실험과 연구를 수행했는데 그중에 전자기(electromagnetism)에 대한 업적이 괄목할 만하다. 전자기에 관한 맥스웰의 연구는 선배 물리학자인 패러데이의 연구 결과에 기초를 두고 있다. 수학에 능했던 맥스웰이 패러데이의 고전적 장이론을 수학적으로 정리한 후, 당대의 전자기 이론을 집대성하여 '맥스웰 방정식'으로 수식화하였다. '맥스웰 방정식'은 전자기파(electromagnetic wave)의 존재를 예측한 것으로 유명한 수식이며, 전자기의 기본 행동 특성을 나타낸다. 이 방정식은 전기력과 자기력의 관계를 나타내는 것으로서, 4개의 수식으로 전기와 자기의 모든 성질이 설명된다. 이 네 개의 식은 1861~1862년에 Philosophical Magazine에 게재된 그의 논문 〈On physical lines of force〉에 처음 소개되었다.

적분과 미분으로 표현되는 4개의 맥스웰 방정식의 물리적인 의미를 나타내면 다음과 같다.

1. 도선의 전류가 원형의 자기장을 발생시킨다.
2. 자기장을 끊고 지나가는 원형 고리 도선에 전류가 유도된다.
3. 같은 부호의 전하(電荷, electric charge)와 자극(磁極, magnetic pole) 사이는 서로 밀치고 반대 부호의 전하/자극 사이는 서로 잡아당긴다.
4. 두 전하/자극 사이의 힘은 서로 간의 거리의 역제곱(inverse

square)법칙을 따른다.

　맥스웰이 만들어 낸 전자기학 이론은 뉴턴의 운동법칙과 아인슈타인의 상대성이론과 함께 현대물리학에 가장 근본적으로 이바지한 공로가 크다고 평가된다. 맥스웰이 전자기파의 속도를 계산했을 때, 그는 그것들의 속도가 실질적으로는 빛의 속도와 같다고 하였다. 그는 빛이 다른 형태의 전자기파라고 결론지었다. 맥스웰은 다른 파장을 갖는 전자기파도 역시 존재한다고 제안하였다. 독일의 물리학자 헤르츠(Heinrich Hertz, 1857~1894)가 1887년 최초로 인공으로 전파를 만들어 냄으로써 맥스웰의 전자기 이론이 완전히 증명되었다.

　더 후에 발견된 X레이는 맥스웰의 예측을 또 한 번 확인시켰다. X레이는 극 초단의 파장을 갖는 전자기파 방사선의 한 형태이다. 20세기 이후의 통신 기술은 맥스웰의 연구에 기초한다. 라디오, 텔레비전, 레이더 및 위성통신 등 모두는 그의 전자기 이론에 그 기원을 두고 있다. 적분과 미분을 통해 전자기파 행동 특성을 완벽하게 수식화한 것이 '맥스웰 방정식'이기 때문에, 이 수식을 이용하여 각종 전자기파의 해석을 하게 된다. 실제 컴퓨터에서는 '맥스웰 방정식'을 그대로 풀게 되면 상당한 시간이 걸리기 때문에 여러 가지 방법으로 정확도를 조금씩 양보하면서 속도를 배가시키는 시뮬레이션 법이 연구되고 있다.

맥스웰의 기체 분자운동에 관한 연구도 빛나는 업적 중 하나이다. 당시까지의 분자의 평균속도 대신 분자속도의 분포를 생각하며 속도분포 법칙을 만들고, 그 확률적 개념을 시사함으로써 통계역학의 기초를 닦았다. 맥스웰은 기체의 점성을 연구하면서 분자의 평균자유행로의 개념을 도입하였다. 1840년에 영국의 물리학자 줄(James Joule, 1818~1889)은 열과 기계적 운동 사이의 관계식을 수립했다. 이 원리는 열역학(thermodynamics)이라는 과학 분야를 낳게 하였는데, 여기에는 기체 분자의 운동에 관한 연구가 포함된다.

20세기의 물리학자들에게 크게 영향을 미쳤던 19세기의 과학자들은 맥스웰에게 널리 감사하고 있다. 그의 전자기 이론과 그에 관련된 방정식은, 질량과 에너지의 등가를 나타내주는 아인슈타인의 특별상대성 이론을 위한 길을 포장해 주었기 때문이다. 맥스웰의 개념은 20세기 물리학의 또 다른 주요 혁신인 양자 이론을 인도하였다. 1956년 양자전기역학을 정식화한 공로로 노벨물리학상을 받은 파인먼(Richard Feynman, 1918~1988)은 다음과 같이 말했다. "19세기의 가장 중대한 사건은 맥스웰이 전자기 법칙을 발견한 일이다."

입자론과 파동론
—광자와 광파

우리의 일상생활에서 물결, 소리, 빛을 파동으로 인식하고 이를 물리학적으로 설명하는 지식을 파동론(wave theory)이라고 한다. 또한 일상생활에서 모든 물체(body)의 거동은 뉴턴(Isaac Newton, 1642~1727)이 집대성해 놓은 고전 역학의 운동법칙을 따른다. 물체가 작아지면 이를 입자라고 부르는데, 이에 따르는 물리법칙을 입자론(particle theory)이라고 한다. 우리들의 일상생활에서는 입자(물체)와 파동의 개념에 혼란을 일으킬 만큼 이상한 일은 일어나지 않는다. 해변의 물결이나 소리와 빛의 전파 현상은 파동론으로 이해하면 된다. 야구공이나 포탄의 궤적을 입자론인 뉴턴의 운동 법칙으로부터 예측할 수 있다. 우리가 감각으로 느끼는 물리적 현상을 그대로 반영하는 고전 물리에서는 입자와 파동을 서로 다른 실체로 다루어 왔다.

그러나 입자의 크기가 작거나 파동의 파장이 아주 작은 세계에서는 물리적인 현상을 입자론과 파동론으로 그때그때 설명해야 하는 양면성(duality)을 갖고 있다. 파동의 입자성이니 입자의 파동성이라는 용어가 쓰이고 있다. 이는 미세세계에서 물질이 이중성을 띠고 있다는 뜻은 아니다. 다만 우리가 자연을 이해하고 설명하는 방법이 서로 달라서, 어떤 물리적인 현상은 파동론으로 설명해야 하고 다른 물리적 현상은 입자론으로 설명하여야 우리의 과학적 이해를 충족시킬 수 있다. 옛날에는 빛이 파동인 줄로만 알았더니 빛을 입자론으로 설명해야 할 때가 있다. 19세기 말에 과학자들은 빛과 전기를 둘러싼 현상, 즉 광전효과(photoelectron effect)를 기존의 물리학적인 시각인 파동론으로 설명하기에 무언가 부족하다는 것을 느끼게 되었다.

아인슈타인(Albert Einstein, 1879~1955)은 1905년에 이 광전효과의 문제를 새롭게 설명하는 이론을 발표하였다. 빛이 입자로 되어 있어서 금속에 빛이 쪼이면 이 입자가 금속 내의 전자에 에너지를 전달하여 전자가 그 에너지를 받고 금속으로부터 해방되어 튀어나온다고 해석하였다. 그는 주파수 ν(뉴)인 빛의 광자는 플랑크(Max Planck, 1858~1947)의 양자 에너지 E = hν(이 이퀄 하 누)와 같은 에너지를 갖는다고 보았다. 여기서 h는 플랑크 상수로서 6.626×10^{-34} J·s로서 통상적으로 독일말로 '하'라고 읽는다. 20세기 초반에 플랑크와 아인슈타인의 빛에 대한 양자론이 실험적인 증거가 아주 확실했음에도 그 당시 학계는 빛의 입자(양자)론을 거의 무시했다.

빛이 일련의 작은 에너지 덩어리인 광자(光子, photon)라는 입자로 전파된다는 관점은 빛에 관한 기존의 파동이론에 위배(違背)된다. 빛의 입자론과 파동론, 이 두 관점 모두 실험적으로 지지를 받고 있다. 파동론은 입자론으로 설명할 수 없는 빛의 간섭과 회절 현상을 설명한다. 파동론에 의하면 빛은 파동 형태의 에너지를 연속적으로 퍼뜨리면서 파원으로부터 나온다. 입자론은 파동설로는 설명할 수 없는 광전효과를 설명한다. 입자론에 의하면 빛은 각각 독립된 광자들로 이루어져 있고, 광자는 단일 전자에 의해서 흡수될 정도로 작다. 빛의 입자론적 묘사에도 불구하고, 광자의 에너지를 기술하기 위하여 양자 이론에서는 여전히 주파수의 개념을 사용하고 있다. 이 점이 빛이 입자로도 설명되고 파동으로도 설명되는 개념의 징검다리 역할을 한다고 볼 수 있다.

　이 징검다리를 처음으로 놓은 사람이 프랑스의 물리학자 드브로이(Louis de Broglie, 1892~1987)이다. 1905년 아인슈타인에 의해 파동의 입자성이 확립되고 난 후 20년 정도 지난 1924년에 드브로이는 움직이는 입자는 입자로서의 성질뿐만 아니라 파동의 성질도 가진다고 제안하였다. 드브로이의 주장은 곧바로 상당한 관심을 끌었다. 주파수가 v(누)인 빛의 운동량(p)은 다음과 같다. $p= hv/c=h/\lambda$. 여기서 파장과 주파수의 곱은 광속($\lambda v=c$)이라는 관계식을 사용하였다. 그러므로 빛의 파장은 다음 식과 같이 운동량으로 표시할 수 있다. $\lambda=h/p$. 이 λ(람다)를 드브로이 파장이라고 부른다. 입자론에서는 운동량은 질량 곱하기 속도($p=mv$)라고 표현된다.

　드브로이는 위 식이 완전히 일반적인 것으로 비단 광자에 대해서 뿐만 아니라 물질 입자에 대해서도 성립한다고 제안하였다. 전자기파의 경우와 마찬가지로 어떤 물체에서 입자성과 파동성이 동시에 관측되지 않는다. 어느 쪽이 정확한 기술인가 하는 질문은 의미가 없다. 단지 움직이는 물체가 어떤 경우에는 파동 같고 어떤 경우에는 입자 같다고 말할 수밖에 없다. 어떤 성질이 잘 나타나는가 하는 것은 위 식으로 표시되는 움직이는 입자의 드브로이 파장과 그 입자의 크기, 그리고 상호작용하고 있는 입자들의 크기에 의해 상대적으로 결정된다. 드브로이는 그의 추측을 지지하는 직접적인 실험적 근거를 가지지는 못하였으나 덴마크의 보어(Niels Bohr, 1885~1962)가 1913년 수소 원자의 모델에서 가정했던 에너지가 특정한 값들로만 제한되는 에너지의 양자화 가설을 드브로이 자신의 이론으로 자연스럽게 설명할 수 있음을 보였다. 몇 년 지나지 않아서 결정에서의 전자회절 실험을 통하여 드브로이 파장의 식은 증명되었다.

여기서 빛 알갱이를 영어로 photon, 우리말로 광자(光子)라고 표현했다. 광파(light wave)라는 말은 빛을 파동론으로 생각할 때 나오는 용어이고, 광자(photon)는 입자론으로부터 나온 말이다. 물리학에서 아주 작은 입자를 표현할 때 어미에 −on을 붙인다. 우리말에는 '−자(子)' 자(字)를 붙인다. 비슷한 조어법으로 음(−)의 전기를 띠는 최소 단위 입자를 electron, 우리말로 전자(電子)라고 부른다. 전자(electron)는 전통적으로 입자인 줄로만 알았는데 양자역학 이론에 따르면 파동의 성질도 갖고 있다. 그래서 전자파(electron wave)라는 말을 쓰는 사람도 있다. 전자의 파동성을 이용한 대표적인 과학적 장치가 바로 전자현미경이다. 수소는 전자 하나를 갖고 있는데 양(+)의 전기를 띠는 수소의 원자핵을 proton, 우리 말로 양성자(陽性子)라고 부른다. 질량과 전하의 양(量)이 전자와 같고 양(+)전하를 띠고 있는 미립자를 positron, 우리말로 양전자(陽電子)라고 부른다. 양성자와 양전자는 전하값은 $+1.6 \times 10^{-19}$ 쿨롱으로 같지만, 질량은 약 1,800배 차이가 난다. 물론 크기도 엄청나게 차이가 날 터이다. 그밖에 neutron, 우리말로 중성자(中性子)가 있다.

양자물리학에 phonon(포논)이라는 용어가 있는데, 미세세계에서는 입자는 파동성, 파동은 입자성을 보이니까, 고체를 통과하는 음파를 입자가 전달되는 것이다라고 생각해도 무방하다는 생각에 이르러서 그 입자 같은 존재를 우리는 phonon이라고 부른다. 음자(音子)라고 번역하기도 하지만, 그냥 포논이라고 부른다. 한편 영어로 harmonic oscillator, 우리말로는 조화진동자(調和振動子)라고 있다. 조화운동이란 어떤 계가 평형상태를 중심으로 진동할 때 생기는 운동이다. 이런 운동을 하는 계는 용수철에 매달려 있는 물체이거나 액체 위에 떠 있는 물체일 수도 있고, 이원자 분자일 수도 있고, 결정격자(結晶格子) 안에 있는 원자일 수도 있다. 조화운동자를 물리적으로 해석할 때, 수학적인 처리 과정에서 파동론을 적용하여 해를 구한다.

결론적으로 말하면 빛은 파동처럼 전파되고, 에너지를 흡수하거나 내어놓을 때는 입자처럼 행동한다. 빛은 이중의 특성 즉 양면성(duality)을 갖는다고 말할 수 있다. 빛의 본질을 설명하는 파동론과 입자론은 서로 보완적(complementary)이다. 각각의 이론만으로는 완전하지 않아서 특정 효과만 설명할 수 있을 뿐이다. 빛이 파동과 입자의 흐름일 수 있다는 표현을 이해하지 못하는 사람들이 20세기 초 당대에는 많이 있었다. 그 당시 완고한 과학자들이 다 죽은 다음에야 결국 새로운 패러다임으로 빛의 양면성 이론이 확립되었다. 일상 경험으로는 가시화할 수는 없지만, 빛의 진정한 본질은 파동과 입자적 특성 모두를 포함한다. 여기서 빛이라는 말을 전자기파 혹은 복사선이라고 확장하여 생각하면 된다.

광전효과의 역과정, 즉 움직이는 전자가 가지고 있는 운동에너지의 전부 혹은 일부가 광자로 바뀔 수 있을까? 공교롭게도 이러한 역 광전효과는 실제로 발생할 뿐만 아니라, 플랑크와 아인슈타인의 양자론이 발표되기 전에 이미 발견되었다. 1895년 독일의 뢴트겐(Wilhelm Roentgen, 1845~1923)은 빠르게 움직이는 전자를 금속판에 충돌시킬 때 투과력이 강한 복사선이 방출됨을 발견하였다. 당시에는 그 정체를 제대로 알 수 없어서 그는 이 복사선을 X선(X-ray)이라고 명명하였다. 발견된 지 얼마 되지 않아 X선이 전자기파라는 것이 명백히 밝혀졌다. 그 뒤에 감마선, 자외선, 적외선, 마이크로웨이브, 통신 및 방송 전파인 라디오파도 모두 가시광선과 같은 성질을 보인다는 사실을 알게 되었다. 이들 다양한 전자기파들을 맥스웰의 무지개라고 말한다. 뒤에서 이들 복사선에 대하여 하나하나 설명하고자 한다.

요즘 핫한 현미경, 전자현미경
―전자회절 현상

물결파에서 주기적으로 변하는 것은 수면의 높이이고, 음파에서는 공기의 압력이다. 전자기파에서는 전기장과 자기장이 주기적으로 변한다. 그럼 물질파에서는 이같이 변하는 것이 무엇인가? 물질파의 경우 변하는 양을 파동함수(wave function)라 하며 기호 Ψ(사이)로 나타낸다. $\Psi(x, y, z, t)$는 공간의 한 점(x, y, z)에서 시간 t일 때의 파동함수로서, 그 시간에 그 장소에서 그 물체를 발견할 가능성과 관계가 있다. 그러나 파동함수만으로는 아무런 물리적 의미는 없다. 확률밀도(probability density)로 알려진 파동함수의 절대값의 제곱인 Ψ^2는 물리적 의미가 있다. 즉 공간의 한 점(x, y, z)에서 시간 t일 때 파동함수 Ψ로 기술되는 물체를 실험적으로 발견할 확률은 그 시간, 그 장소에서의 Ψ^2 값에 비례한다. 1926년에 물리학자 보른(Max Born, 1882~1970)이 처음으로 이렇게 해석하였다. 그는 양자역학(quantum mechanics)이란 용어를 처음 사용한 사람이다. 그는 나치(Nazi) 시대가 시작되는 1933년에 독일을 떠나 영국 국민이 되었고, 케임브리지대학(Cambridge University), 에든버러대학(Edinburg University) 등에 몸담았다가, 1953년 퇴임하고 말년에 독일로 돌아와서 사망하였다.

보른의 외손녀가 미성과 미모로 한 시대를 풍미했던 유명한 가수 올리비아 뉴튼존(Olivia Newton-John, 1948~2022)이다. 영국에서 태어나 오스트레일리아에서 성장하고 세계적인 가수로 활동하다가 미국에서 죽은 그녀의 대표적인 노래 'Physical'이 생각난다. 1981년에 이 노래를 발표해서 빌보드 핫 100 역사상 두 번째로 10주 연속 1위를 했으며 이 노래 이후 10여 년 동안 10주 이상 1위를 한 노래가 없었다고 한다. 그녀의 외할아버지인 보른은 물리학(Physics) 분야에서 물체(body)의 미세한 영역인 입자(particle)에 관한 양자역학의 기초를 세웠는데 그의 외손녀인 올리비아는 노래 'Physical'에서 당신의 몸(body)이 내는 이야기를 들어보자고(Let me hear your body talk, your body talk) 노래하였다. 영어로 physics는 물리학이라고 번역한다. 우리말로 체육은 영어로 physical education 혹은 physical culture로 번역한다. Physical society는 물리학회이다. Physician은 내과 의사이고, physicist는 물리학자이다. 우리말로 무언가 장소나 시간상 불가능하면 '물리적으로 안 된다'라고 말한다.

양자역학이 정립되는 초창기에 파동함수의 의미에 대해서 조금은 철학적인 논의가 있었다. 아버지 브래그(William Henry Bragg, 1862~1942)와 함께 결정의 X선 회절 연구로 아버지와 아들이 함께 북 치고 장구 쳐서 1915년 노벨물리학상을 같이 수상한 아들 브래그(William Lawrence Bragg, 1890~1970)는 입자와 파동의 양면성 이론에 대해서 다음과 같이 해석하였다. '물체(입자)와 복사(전자기파)의 파동성과 입자성을 구분하기는 순간인 지금이다. 이 순간이 시간을 꿰뚫고 꾸준히 나아감에 따라 파동적인 미래가 입자적인 과거로 굳어진다. 미래의 모든 게 파동이고, 과거의 모든 게 입자이다.' 한편 실존주의의 선구자인 덴마크의 철학자 키에르케고르(Soren A. Kierkegaard, 1813~1855)는 다음과 같은 말을 하여 향후 현대물리학의 한 단면을 예견했는지도 모른다. '인생은 뒤로만 이해될 수 있으나, 앞으로 향해서 살아갈 수밖에 없다.' 삶은 사는 게 아니라 살아지는 것이다.

입자와 파동의 문제에 있어서 뉴턴의 고전물리학에서 입자와는 전혀 관련이 없는 특성이 바로 회절 현상이다. 고전물리학에서는 회절은 파동 고유의 현상으로 인식되었다. 한편 미세 세계에서는 입자도 회절 현상을 보임을 발견하였는데, 이를 입자 회절(particle diffraction) 현상이라고 부른다. 1927년에 미국의 데이비슨(Clinton J. Davisson, 1881~1958)과 저머(Lester H. Germer, 1896~1971), 그리고 독립적으로 영국의 톰슨(George P. Thomson, 1892~1975)은 '고속의 전자 선속이 결정(結晶)의 규칙적인 원자 배열로 산란되어서 회절된다'는 실험 결과를 얻음으로써 물질파의 존재를 예견한 드브로이 가설을 확인하였다. 세 사람은 이 업적으로 1937년 노벨물리학상을 받았다. 톰슨의 아버지 톰슨(Joseph J. Thomson, 1856~1940)은 1897년 전자를 처음으로 발견하고 전자의 입자성을 입증하는 업적으로 1906년 노벨물리학상을 받았다. 이로써 전자가 파동-입자의 양면성을 갖고 있다는 사실을 밝히는 것이 톰슨 부자의 일처럼 되었다. 전자가 입자인 줄로만 알았는데 알고 보니 파동의 성질도 갖고 있다. 이는 대단한 발견이다. 전자(electron)가 파동의 성질을 보인다는 의미에서 전자파(electron wave)란 표현을 쓰기도 한다. 이는 광파(light wave)에 대해 광자(photon)라는 표현이 있는 것과 대칭적이다.

톰슨이란 이름은 영미권과 유럽의 성씨로, '토마스의 아들'이라는 의미인데, 'Thomson', 'Thompson'의 두 가지 표기가 있다. 이 성을 쓰고 있는 현존하는 인물은 농구, 야구, 골프 등 운동선수뿐만 아니라 배우, 감독 등 연예인이 다수 있다. 프랑스의 회사 톰슨은 원래 1893년에 설립된 전자제품 등을 만드는 회사였으나, 최근에 톰슨 멀티미디어가 테크니컬러로 사명을 변경한 이후에는 전자제품을 브랜드 라이선싱하여 판매하는 상표로 존재하고 있다. 이 회사는 TV, 컴퓨터, 오디오, 전화기 등 다양한 가전제품을 취급하고 있다. 이 회사가 전자를 발견한 영국인 과학자 톰슨과 어떤 연관이 있는지는 오래전 일이라 잘 모르겠다. 이 회사는 한때 에디슨이 설립한 General Electric 회사의 프랑스 자회사이기도 했고, 이탈리아 국적의 회사와 합작하여 SGS-Thomson Microelectronics라는 세계적인 반도체 제조회사도 운영한 적이 있다. 이 반도체 회사는 20여 년 전에 STMicroelectronics라고 회사 이름을 바꾸었다. 필자는 STMicroelectronics 경영진과 협의하여 대우전자(주)와 서울에 합작으로 세운 대우에스티반도체설계주식회사(Daewoo ST Semiconductor Design Co. Ltd)의 대표이사를 2000~2001년에 역임한 적이 있다.

전자현미경의 기본 원리는 고속으로 가속되어 움직이는 전자의 파동성을 이용한 것이며, 1932년에 처음으로 전자현미경이 네덜란드의 필립스에서 제작되었다. 모든 광학기구의 분해능(resolution)은 회절 현상에 의해 제한되며 시료를 비추는 데 사용되는 빛의 파장에 비례한다. 가시광선을 사용하는 보통의 좋은 광학현미경으로 사용 가능한 최대 배율은 약 500배이다. 배율을 크게 하면 상은 크게 보이지만 더 자세히 보이지 않는다. 즉 분해능에 한계가 있다. 고속의 전자는 가시광선보다 훨씬 더 파장이 작아서 배율이 높다. 전자는 전하를 띠고 있어서 전기장과 자기장을 이용해서 집속(集束)을 통해 상(image)을 자유롭게 다룰 수 있다. X선의 파장이 더 짧으나, 충분할 정도로 X선을 한 지점에 모으기가 아직은 불가능하여 X선 현미경은 아직 출현하지 않았다. 전자현미경은 전류가 흐르는 코일이 만드는 자기장이 렌즈와 같은 역할을 하여 전자 선속을 시료에 집속(focus) 시키고 형광판이나 사진 건판 위에 확대된 영상을 만든다. 선속이 산란되어 상이 흐려지는 것을 막기 위하여 시료를 박막의 형태로 사용하며 장치 전체는 모두 진공 속에 장착되어 있다. 이런 원리의 전자현미경을 투과전자현미경(transmission electron microscope, TEM)이라고 부른다.

또 다른 형태의 전자현미경으로 주사전자현미경(scanning electron microscope, SEM)이 있다. 주사전자현미경은 고속의 전자선(電子線)이 시료의 표면 위를 주사(scanning)할 때 시료에서 발생하는 여러 가지 신호 중 이차전자(secondary electron) 또는 반사전자(back scattered electron)를 검출하여 이미지 신호처리를 하면 대상 시료의 표면의 모습을 상으로 볼 수 있다. 이런 면에서 주사전자현미경은 응용 분야로 볼 때 광학현미경 용도의 영역에 포함된다. 주사전자현미경은 가격 면에서 투과전자현미경보다 월등히 저렴하여 학교나 산업 현장에 많이 보급되어 있다. 주사전자현미경은 광학현미경과 비교하여 초점 심도(depth of focus)가 2배 이상 깊고, 또한 광범위하게 초점을 맞출 수 있어 입체적인 상을 얻는 것이 가능하다. 주사전자현미경에서는 이들 신호를 분석하여 시료 표면의 성분 분석까지 가능하다는 점에서 광학현미경보다도 더 유용하게 연구실이나 산업 현장에서 사용된다. 물론 주사전자현미경에서 분석 기능을 갖추려면 비용이 추가된다. 관찰하려는 시료의 두께, 크기 및 준비에 크게 제한을 받지 않지만, 간혹 원활한 표면 사진을 얻기 위하여 도전체인 금이나 탄소를 코팅하기도 한다. 시료를 SEM 장비 안에 장착한 뒤에는 관찰하려는 공간을 진공 상태로 만들어야 한다.

투과전자현미경에서는 고에너지를 갖는 전자선(電子線)이 자석으로 된 렌즈 계(system)를 거쳐 시료를 통과하여 형광판에 상을 맺게 한다. 따라서 그 시료는 관찰에 사용될 수 있도록 극히 얇아야 한다. 투과전자현미경 관찰용 시료를 박막으로 준비하기 위해서는 특별한 기술(technic)과 장비가 필요하다. 투과전자현미경으로는 시료의 밀도, 두께 등의 차이에 의한 명암(phase contrast) 상(像)을 얻을 수 있다. 또한 시료에 도달하는 전자선을 회절시켜 회절상을 얻을 수 있으므로 시료의 성분 분석 정보도 얻을 수 있다. 투과전자현미경은 주사전자현미경보다 그 구조가 복잡하고 운용이 쉽지 않은 점, 가격이 비싼 점 등의 단점을 가지고 있다. 응용에 있어서 투과전자현미경은 금속, 세라믹, 반도체, 고분자 합성체 등의 재료 분야의 조직 관찰에 주로 사용되고 있다. 투과전자현미경으로 의학, 생물 분야의 바이오 시료의 조직 관찰도 가능하지만, 물론 이 경우 살아 있는 채로 시료를 관찰할 수는 없다.

조금 다른 원리를 이용한 전자현미경으로, 주사터널링현미경(scanning tunnelling microscope, STM)이 있다. 전자(電子)는 거시적인 일상에서는 불가능한 퍼텐셜 장벽을 투과할 수 있는 양자 터널링 효과를 보이는데 이를 응용하여 현미경을 만들었다.

STM은 1981년 스위스에 있는 민간기업인 IBM 연구소의 비니히(Gerd Binnig, 1947~)와 로러(Heinrich Rohrer, 1933~2013)에 의해 발명되었다. 이 두 사람은 1933년 투과전자현미경을 발명한 사람 중의 하나인 독일의 루스카(Ernst Ruska, 1906~1988)와 함께 1986년 노벨물리학상을 공동으로 수상하였다. 루스카는 한 세대 전 사람이었는데, 장수한 덕분에 노벨상을 타는 영광을 누렸다. 노벨상은 살아있는 사람에게만 수여하는 전통이 있다.

STM에서는 아주 예리한 금속 탐침(probe)을 도체나 반도체 물질의 표면으로 가까이 가져간다. 보통은 표면 원자에 아주 느슨하게 결합되어 있는 전자들조차도 표면을 탈출하기 위해서는 수 eV의 에너지가 필요하지만, 탐침과 시료 표면과의 간격이 수 nm 이하로 작아지면 단지 몇십 mV 정도의 전압(즉 수십 meV의 에너지)만 걸려도 전자가 작은 장벽을 뚫고 지나갈 수 있다. 탐침을 시료 표면을 가로질러 조밀한 간격으로 앞뒤로 스캐닝하여 측정된 투과전류를 신호처리 하면 시료 표면의 형상이 지도처럼 화면에 만들어진다. 같은 원리를 이용하여 그 뒤 원자힘현미경(atomic force microscope, AFM)이 발명되었다. AFM은 부도체 물질의 표면도 관찰할 수 있는데, 탐침 끝에 가해지는 압력을 일정하게 하고 시료 표면을 스캐닝하여 탐침의 휘어짐을 기록한다.

이 기록은 탐침의 전자와 시료 표면 원자 사이의 밀어내기 힘의 등고선 기록이다. AFM은 분해능 면에서 STM보다 떨어지지만, 생물학적 시료의 표면도 검사할 수 있다.

불확정성 원리
—PX와 ET

꽃잎은 바람결에 떨어져

강물을 따라 흘러가는데

떠나간 그 사람은 지금은

어디쯤 가고 있을까?

—전영 노래, <어디쯤 가고 있을까>(1977)

위는 70년대 통기타 가수로 반짝 등장했던 전영(1958~)의 노래 가사이다. 이 노래는 이경미(1954~), 이현섭(1947~) 부부가 작사, 작곡한 작품으로 전영의 독창적인 창법과 어우러져 당시 청년층의 많은 사랑을 받았다. 찾아보니 아래와 같이 같은 노래를 영어로 커버한 사람도 있었다.

> The flower petals fall in the blowing wind,
> and follow along the flowing river.
> The man, who left me, about now
> where about is he passing through?

우리는 일상생활에서 물체(입자)의 운동을 기술하는 물리적인 법칙을 알고 있다. 우리는 몇 개의 물리적 정보만 알고 있으면, K9 자주포에서 발사된 포탄의 궤적을 예측할 수 있다. 우리는 간단한 수학적인 계산을 통하여 매 순간 포탄의 속도와 위치 정보를 알 수 있다. 요즘은 컴퓨터로 포탄이 날아가는 탄도를 정확히 계산할 수 있고, 영상으로 찍으면 일목요연하게 그 정보의 정확성을 확인할 수 있다. 물체의 속도(v)에 물체의 질량(m)을 곱한 값을 운동량(p), 영어로 momentum이라고 하는데, 물리학에서 쓰는 대표적인 전문용어이다. 즉 $p=mv$이다. 위치는 (x, y, z)라는 3차원 정보가 일반적이지만, 포탄의 발사 위치로부터의 거리만을 생각하면 1차원인 x의 정보만 알면 된다. 강물에 떨어져 물결 따라 흘러가는 꽃잎처럼.

그러면 빛의 속도로 아주 빠르게 움직이는 아주 작은 입자에 대해서도 이렇게 정보를 예측할 수 있을까? 이런 미세세계에서는 입자론으로 정확히 예견하기가 어렵고, 파동론으로 설명해야 하며, 확률의 문제로 답을 대충 예상한다고 앞 절에서 언급하였다. 위 노래처럼 헤어진 그 남자가 지금 대충 어디쯤 지나가고 (passing through) 있다고 말할 수 있을 뿐이다. 위 노래에서 얘기하듯이 강물에 떨어져 물결 따라 흘러가는 꽃잎처럼 내 곁을 떠나간 사람이 지금 어디쯤 가고 있을 거라고 예상할 뿐, 정확한 그의 현주소는 모른다. 알고 있다면 아직 미련이 있다는 얘기니까 그 뒷얘기도 추적해 볼 필요가 있을 것이다.

양자물리에 의하면 움직이는 작은 입자는 파동처럼 행동하는데, 그 파장(λ)은 h/p라고 나타낼 수 있다고 프랑스의 과학자 드브로이가 설파하였다. 즉 $\lambda = h/p = h/mv$. 여기서 h는 플랑크 상수이다. 이러한 파동을 드브로이파 혹은 물질파라고 부른다. 드브로이파의 진폭은 특정한 시간에 특정한 장소에서 그 물체를 발견할 확률과 관계가 있다. 드브로이의 물질파는 고전물리학의 파동방정식으로 간단히 나타낼 수 없고 양자역학의 파동방정식인 Schroedinger 방정식으로 나타낼 수 있다.

움직이는 입자에 대한 파동적 표현은 파속(波束, wave packet) 혹은 파군(波群, wave group)으로 나타나며, 이를 구성하는 파들의 진폭이 그 입자를 발견할 확률에 관계된다. 파군은 어떻게 생기는가? 일상생활에서 잘 알려진 예는 소리의 맥놀이(beat) 현상이다. 진폭이 같고 진동수가 조금 다른 두 개의 음파가 동시에 발생하면 서로 간섭을 일으켜서 들리는 소리의 진동수는 원래의 두 진동수의 평균이 되고 진폭은 주기적으로 오르내린다. 예를 들어, 원래 두 소리의 진동수가 220Hz와 222Hz라면 우리 귀에는 진동수가 221Hz인 소리가 1초 동안에 두 번씩 세기의 정점에 도달하는 맥놀이로 들린다. 이 맥놀이의 발생을 파형으로 예를 들어 설명하면 아래 그림과 같다. 아래 그림에서 두 번째 및 세 번째 칸에 표시된 파형이 우리 귀에 반복적으로 들린다. 어떤 기악 연주곡을 들으면 두세 가지 악기에서 나는 음들이 beat 현상을 일으켜 어떤 주기성을 갖고 반복된다. 즉 어떤 소리의 파군이 흐르고 있다고 볼 수 있다.

파군은 수학적으로 서로 다른 파장을 갖는 파동의 중첩으로 기술할 수 있다. 이 중첩되는 파들 사이의 간섭으로 인해 진폭이 변화되어서 파군의 모습을 결정한다. 전자기파와 같이 각개 파들의 속도가 같다면 파군이 전파되는 속도는 공동의 위상속도

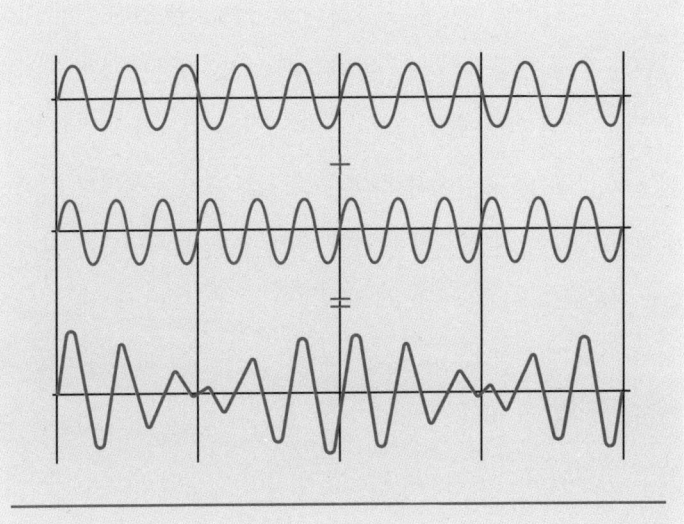

그림 1 맥놀이(beat) 현상의 설명 예

(phase velocity)를 갖는다. 그러나 파장에 따라 위상속도가 다르다면 서로 다른 파동들은 같은 속도로 진행하지 않게 되는데 이런 경우를 분산(dispersion)이라 부른다. 이 결과로 파군의 속도 즉 군속도(group velocity)는 파군을 구성하는 각개 파들의 위상속도와 다르게 된다. 드브로이 물질파가 이에 해당한다. 입자의 드브로이 파군의 속도는 그 입자가 움직이는 속도와 같다.

움직이는 입자를 파군 혹은 파속으로 여긴다는 것은 위치나 운동량 같은 입자의 성질을 나타내는 물리량을 측정하는 데 있어서 그 정확도에 원리적인 한계가 있다는 것을 암시한다. 아래 그림과 같은 두 종류의 파군을 생각해 보자. 입자는 주어진 시간에 파군 안의 어디에든 있을 수 있다. 물론 입자가 발견될 확률밀도는 군(群)의 중심에서 최대가 되므로 군의 중심에서 입자가 발견될 확률이 최대가 될 것이다. 그렇지만, 확률밀도가 실제로 0이 아니라면 입자는 어디에서든 발견될 수 있다. 아래 그림의 (a)처럼 파군이 좁아지면 좁아질수록 그 입자의 위치를 더욱 정확히 나타낼 수 있다. 그러나 좁은 파군에 있는 파의 파장은 명확히 정의되지 않는다. 파장(λ)을 정확히 측정할 만큼의 충분한 파의 개수가 없기 때문이다. 이는 드브로이의 식 $\lambda=h/p$에서 입자의 운동량 p가 정밀한 양이 아니라는 의미이다. 이때 입자의 운동량을 측정하면 오차범위가 넓은 값을 얻게 된다. 한편, 아래 그림의 (b)와 같이 넓은 파군을 이루고 있다면 파장을 정의하기가 훨씬 쉬워진다. 즉 파장을 측정하는데 오차 범위가 줄어든다. 파장이 명확히 정의되면, 이에 대응하는 운동량은 정밀한 양이 되며 측정한 운동량 값은 오차 범위가 적은 값이 된다. 그러나 입자는 어디에 위치할까? 파군의 너비가 너무 커서 주어진 시간에 입자가 어디에 있는지 정확히 특정하기가 어렵게 된다. 즉 위치 측정의 오차가 커진다.

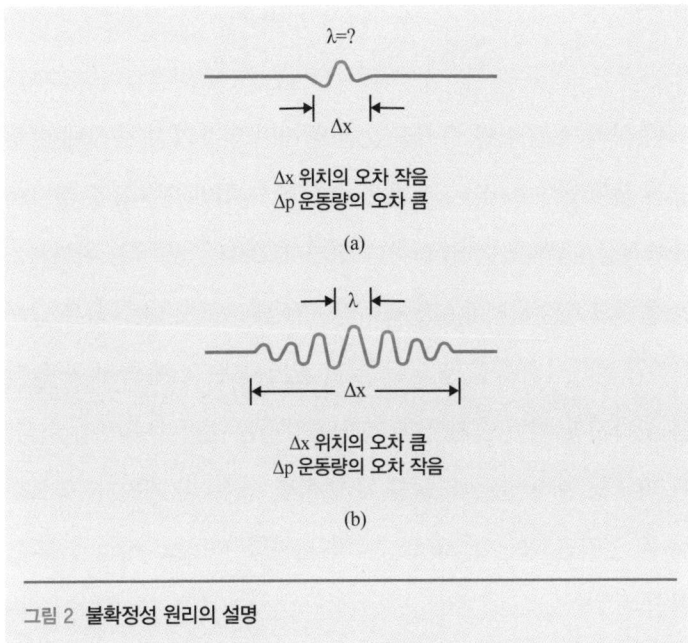

그림 2 불확정성 원리의 설명

    이러한 사실을 1927년 하이젠베르크(Werner Heisenberg, 1901~1976)가 정리하여 불확정성 원리(uncertainty principle)라고 이름 지었다. 하이젠베르크의 불확정성 원리는 다음과 같이 표현할 수 있다. '한 물체에 대해서 위치(x)와 운동량(p)을 동시에 정확히 아는 것은 불가능하다.' 조금 수학적인 분석을 통해서 정량적인 표현을 얻을 수 있으나 여기서는 생략하고 결론만 소개하면 다음과 같다.

$$\Delta p\, \Delta x \geq h/4\pi$$

위 식의 뜻은 어떤 주어진 순간에 어떤 입자의 위치에 대한 정보의 불확정성(오차) Δx와 같은 순간의 그 입자의 운동량 정보의 불확정성 Δp의 곱은 $h/4\pi$보다 크거나 같다는 것이다. 여기서 h는 플랑크 상수로서 6.626×10^{-34} J·s로서 아주 작은 값이다. 위 식에서 부등호가 $\geq$로 되어 있어서 두 양의 곱이 아주 작은 숫자지만 어떤 숫자보다 크거나 같다는 점에 주목해야 한다. 즉 파군을 좁게 만들어 Δx를 작게 하면 Δp는 더 커진다. 역으로 Δp를 줄이면 파군이 넓어지는 것을 피할 수 없고 따라서 Δx는 커진다.

하이젠베르크의 불확정성 원리를 입자의 에너지와 측정 시간 사이의 관계로 표시하면 다음이 된다. 즉 입자의 에너지(E) 측정의 불확정성 ΔE와 관측 시간(t) 측정의 불확정성 Δt의 곱은 $h/4\pi$보다 크거나 같다.

$$\Delta E\, \Delta t \geq h/4\pi$$

고대 그리스에서는 시간을 두 가지로 나누어 말했다고 한다. 하나는 흘러가는 시간을 뜻하는 크로노스(chronos)이고, 다른 하나는 특별한 시간을 의미하는 카이로스(kairos)이다. 영어로 chronicle은 연대기, 혹은 역대기로 번역되며, 역사적인 사실을 시간의 순서로 기록해 놓은 것이다. 성경에 역대상, 역대하라는 기록이 있고, 우리나라에는 조선왕조실록이 있다. 우리 인간은 이 시간의 영향 아래에서 살아갈 수밖에 없는데 간혹 기회의 순간인 카이로스의 시간을 추구하려고 노력한다. 이 기회의 순간에는 에너지가 아주 작은 오차를 가지고 자신에게 집중되기를 희망하나 그리 쉬운 일은 아니다.

필자는 과거 교직에 있을 때, 수업 시간에 학생들에게 하이젠베르크의 불확정성 원리를 잊지 않고 기억하기 위해서 PX와 ET를 기억하라고 했다. PX는 미군 영내의 매점을 의미하는 말로 Post Exchange의 준말이다. 과거 우리가 어렵게 살 때 미군 PX의 물건이 좋고 싸기로 유명하였다. 일상 용품이나 음식물 따위를 세금을 제외한 가격으로 팔아서 물건값이 쌌다. 미군 부대 내 PX에서 이 물건을 받아 시중에서 이문을 붙여서 팔아서 부자가 된 사람도 과거에는 있었다. 우리 군대의 병영에도 비슷한 매점이 있는데 명칭도 PX라고 부른다.

ET는 Extra-Terrestrial의 약어로 외계생명(外界生命)이란 뜻이고 지구가 아닌 공간에 사는 생명을 지닌 존재를 가리킨다. 이는 스필버그(Steven Spielberg, 1946~) 감독이 연출하여 1982년 개봉한 미국의 SF(Science Fiction) 모험 영화의 제목이기도 하다. 초능력을 가진 외계인이 지구에 홀로 남아서, 지구 소년과 함께 위기를 극복하며 동료들에 의해 구출되기까지의 과정을 그렸다. 우리나라에서는 1984년에 개봉하여 상영되었다.

이 불확정성은 측정 장비의 부정확함에 기인하는 것이 아니라 관계된 양들의 본질적인 부정확한 성질에 기인한다. 측정으로 생기는 기계적인 혹은 통계적인 불확정성은 Δp와 Δx의 값을 더욱 크게 할 뿐이다. 입자의 위치와 운동량을 현재에도 정확하게 알 수 없으므로 미래에 그 입자가 어디에 있을지 그 운동량 혹은 속력이 얼마일지를 확실하게 말할 수 없다. 현재의 일을 확실하게 알 수 없으니 장래의 일은 더욱 확신할 수 없다. 그러나 모든 걸 모르고 있지는 않다. 다만 과거의 경향이 어땠으니 지금은 어디쯤 가고 있다고 예측은 할 수 있다. 경영학이나 인문학에서도 현대는 불확실성의 시대라고 말하면서 하이젠베르크의 이론을 원용하고 있다.

양인자(1945~), 김희갑(1936~) 부부가 노랫말에 음을 붙여 같이 짓고, 김국환(1948~)이 노래한 아래의 대중가요에서도 이러한 세상사를 노래하고 있다.

> 네가 나를 모르는데
> 난들 너를 알겠느냐?
> 한 치 앞도 모두 몰라.
> 다 안다면 재미없지.
> 바람이 부는 날은
> 바람으로,
> 비 오면 비에 젖어
> 사는 거지, 그런 거지.
> ―김국환 노래, <타타타>(1991)

Maxwell's Rainbow ——————————

2장

맥스웰의 무지개

전자기파 스펙트럼
—라디오 전파도 X-레이도 모두 전자기파이다

라디오 주파수의 단위가 헤르츠인 이유

우리가 흔히 라디오 주파수를 지칭할 때 쓰는 단위인 '헤르츠(Hz)'는 한 과학자의 이름을 딴 것이다. 독일의 과학자 헤르츠(Heinrich Hertz, 1857~1894)는 '전자기파'를 실험을 통해 처음으로 발견했다. 그러나 사실 헤르츠가 '전자기파'를 처음으로 제안한 학자는 아니었다. 전자기파를 처음 생각해낸 학자는 영국의 맥스웰(James Clerk Maxwell, 1831~1879)이었다.

1864년 맥스웰은 전기의 입자인 전하(電荷)가 가속도를 갖고 움직일 때 자기적으로 연관된 교란(disturbance)을 만들어 낸다는 중대한 제안을 하였다. 그는 전하가 주기적으로 진동하면 이 교란은 파(wave)가 되고 이 파는 전기적 성분과 자기적 성분으로 이루어져 있는데, 각각은 서로 수직으로 작용하며, 파의 전달 방향과는 수직이라고 주장하였다. 또한 맥스웰은 이 파는 공간을 통해 무한대로 전달될 수 있다고 주장했다. 맥스웰이 처음 제안한 이것을 오늘날 우리는 '전자기파'(electromagnetic wave)라고 부르며 우리말로는 줄여서 전자파(電磁波) 또는 더 줄여서 전파(電波)라고 한다.

맥스웰은 어떻게
전자기파를 발견하게 되었을까?

1831년, 같은 영국의 패러데이(Michael Faraday, 1791~1867)는 전기가 통하는 구리 선을 밧줄처럼 꼬아놓은 닫힌 도선으로 이루어진 회로에 자석을 갖다 대서 자기장을 만들어주면 전류가 유도된다는 (자기장→전류) '전자기유도 현상'을 발견하였다. 맥스웰은 이 사실로부터 유추하여 변하는 전기장은 자기장을 수반한다는(전기장→자기) 역과정을 제안하였다. 전기가 흐르는 전기장에 자석을 갖다 놓으면 서로 연결이 생기는 '커플링'이 일어나 일종의 파가 형성된다. 이러한 커플링 현상은 이전에도 있었을 테지만 발견되지는 못했다. 구리와 같은 금속은 전기저항이 작으므로 전자기유도 현상에 의해 생성되는 전기장을 측정하는 것이 그리 어렵지 않았다. 자기장에 의해서 금속에 유도되는 전류는 측정할 수 있었지만, 전기장에 의해 수반되는 자기장은 너무 약해서 측정하기가 매우 어려웠다. 그래서 발견되기가 어려웠다. 맥스웰의 이러한 예측(가설)은 실험적 발견이라기보다 대칭성 논의에 근거를 두고 있다. 패러데이의 전자기유도와 맥스웰의 역과정 가설을 종합하면, 연속적으로 변하는 전기장과 자기장은 서로 결합하여 전자기파를 만든다는 결론을 내릴 수 있다.

맥스웰 생전에는 전자기파의 존재가 실험적으로 증명되지 못하다가, 1888년 독일의 과학자 헤르츠(Heinrich Hertz, 1857~1894)가 실험을 통해 전자기파를 발생시키면서 마침내 증명되게 되었다. 헤르츠는 맥스웰이 예측한 대로 전자기파가 작용한다는 것을 실험적으로 증명하였다. 헤르츠는 전자기파를 발생시켜 파가 이동을 할 때 한 번의 이동 주기의 길이 즉 파장과 파의 주기와 전파(傳播) 속력을 측정하였으며, 이 파가 맥스웰이 주장했던 대로 전기적 성분과 자기적 성분을 모두 갖고 있다는 것을 확인하였다. 또한 전자기파는 반사, 굴절, 회절 현상을 보인다는 것을 알아냈다. 오늘날에는 헤르츠의 업적을 기념하여 전자기파의 주파수(진동수) 단위에 그의 이름을 붙이고 Hz로 표시한다.

헤르츠는 라디오에서 종종 듣는 말이지만 사실 라디오뿐만 아니라 우리가 쓰는 전자제품은 대부분 고유의 주파수를 사용한다. 텔레비전과 핸드폰도 사용하는 주파수가 있다. 이러한 주파수들은 기업에서 정부의 인가를 받아서 할당받는 것이며, 허가 없이 주파수를 사용하면 처벌의 대상이 될 수 있다. 엄밀히 말하면 주파수는 주인이 없는 것인데 국가에서 그것을 관리하면서 사용권을 할당하는 것이다.

전자기파는 어떻게 표현할까?

전자기파는 '파동'인데, 파동 혹은 파는 우리 일상에서 많이 경험하는 현상이다. 물결, 파도, 소리, 지진 등이 대표적이다. 물리학 교과서에서도 역학과는 다른 장에서 파동이라는 분야를 취급하고 있다. 파동의 특성 중의 하나는 중첩의 원리로써, 같은 성질을 지닌 두 개 이상의 파동이 동시에 한 지점을 지날 때, 그 지점에서의 순간적인 진폭은 그 순간의 각각의 파동들의 진폭을 합한 것과 같다는 것이다. 워터 파크의 파도 풀에서 놀았던 경험을 떠 올리면, 이해가 쉬울 것이다. 친구와 함께 파도 풀에서 놀다가 파도가 쳤는데, 나와 얼마 떨어져 있지 않은 위치에 있더라도 친구는 파도를 높이 타고 나는 별로 높지 않았다면, 이 원리 때문이다. 즉 파도 속에서는 위치의 차이가 높이의 차이를 만들어 낼 수 있다.

이 파동은 싸인(sine) 또는 코싸인(cosine) 함수로 설명된다. 자연과학자들은 자연의 현상을 수식으로 기술하기를 좋아한다. 말이나 문장으로 설명하기보다 수식은 간결하고도 정확하게 어떤 현상을 설명하기가 가능하기 때문이다. 비전공자들은 이 수식 때문에 과학을 어렵게 생각하지만, 수식을 이루는 요소들이 무엇인지만 알면 된다. 파동을 나타내는 수식은 여러 분야에서 널리 사용되기 때문에 한 번쯤 보아두면 도움이 된다.

싸인 코사인 함수는 주기성을 가진 것을 수식으로 표시하는 방법이다. 흔히 과학 전공자가 아닌 사람들은 학창 시절 수학 시간에 배웠던 피타고라스 정리의 싸인, 코싸인만 알지만, 사실 싸인이나 코싸인은 파동을 설명하는 함수이기도 하다. 보통은 물결이나 소리처럼 파가 공간적으로 전파될 때 전파 거리를 x 축으로 하고 변위, 즉 파동의 변화 값을 y 축으로 하여 y=sinx 등과 같이 표시한다. 사실 실제로는 더 복잡한 수학식이 동원되기도 한다. 시간의 변화에 따라 변위, 즉 위치 변화가 있는 경우 시간(t)을 x 축으로 정하고 y=sint 등과 같이 표시한다.

파동에서 어떤 변위 값이 증가했다가 감소하여 원래의 값으로 되돌아오는 기간을 1주기(cycle)라고 한다. 파동이 1주기를 거치는 동안 지나온 거리를 파장(wavelength)이라고 하고 그리스 알파벳 'λ'(람다)로 표시한다. 파장의 기본 단위는 m(미터)이고, 1초 동안에 몇 개의 주기가 있느냐 혹은 몇 개의 파가 들어가는가를 '주파수'(frequency)라고 한다. 주파수의 단위는 회/s, 즉 1초에 한 주기가 몇 번 들어가는지를 기준으로 정한다. 그래서 예전에는 주파수를 부르는 단위가 '사이클'이었다. 지금은 710 '킬로 헤르츠'라고 부른다면, 예전에는 라디오 주파수를 710 '킬로 사이클'이라고 불렀다. 지금 연배가 있는 사람 중에는 이 용어를 기억하는 사람들이 있을 것이다.

엑스레이(X-ray)도 전자기파이다

　전자기파 중에서 우리에게 가장 익숙한 것이 엑스선(X-ray)일 것이다. 빛이 전자기파라는 것이 알려지기 전까지는 그 정체가 무엇인지 알지 못했던 감마선(γ-ray)이나 엑스선(X-ray)도 전자기파의 일종이라는 것이 밝혀졌다. 전자기파들은 근본적으로 같은 성질을 갖고 있지만, 그것들과 물질 사이의 상호작용에 있어서는 많은 차이가 난다. 각 전자기파의 특징은 보통 파의 주파수에 따라 달라지며, 그 주파수에 따라서 다양한 이름이 붙여졌다.

　방사성 물질을 연구하던 학자들은 방사성 물질을 찍은 사진에서 알 수 없는 '파'(선)을 발견했다. 우리가 임의의 대상에 가, 나, 다 또는 갑, 을, 병이라고 이름을 붙이듯이 서양 과학자들은 가장 왼쪽 선은 알파, 가운데 선은 베타, 오른쪽 선은 감마라고 이름 붙인 것이다. 나중에 연구를 통해 알파선은 헬륨의 원자핵이 튀어나오는 현상이며, 베타선은 전자가 튀어나오는 선이라는 밝혀졌다. 그러나 감마선은 헬륨이나 전자와는 무관한 파, 즉 순수한 전자기파이다. 감마선은 파장이 짧고 에너지가 크다. 감마선, 엑스선, 자외선, 가시광선, 적외선, 마이크로웨이브, 라디오파, 이 모든 걸 통틀어 '복사'(radiation) 혹은 복사선이라고 한다.

이 '복사'는 사실 낯선 것이 아니다. 우리가 잘 아는 무지개도 이 '복사'의 일부이다. 우리는 어떤 복잡한 성질을 갖는 대상을 단순한 변수에 따라 나누어 늘어놓은 결과를 스펙트럼이라고 말한다. 대표적으로 빛이 프리즘을 통과할 때 빛의 파장에 따라 굴절률이 다르므로 분산을 일으키는데, 그 결과물은 파장의 순서로 배열된다. 대표적으로 비가 갠 하늘에 떠 있는 무지개를 들 수 있다. 영어로 무지개인 rainbow는 비 온 뒤에 하늘에 생기는 활모양을 의미한다. 공중의 물방울에서 태양 빛의 굴절이 일어나 파장의 순서로 배열되는데, 이를 우리는 '빨주노초파남보'라고 눈으로 인식하고 있다. 이를 가시광선의 스펙트럼이라고 부른다.

맥스웰의 무지개

가시광선뿐만 아니라 여러 가지 복사가 갖는 에너지와 파장의 스펙트럼이 있다. 무지개가 가시광선의 스펙트럼이라면, 위에 열거한 감마선, 엑스선, 자외선, 가시광선, 적외선, 마이크로웨이브, 라디오파 등 다양한 복사 영역을 맥스웰의 무지개(Maxwell's rainbow)라고 말한다.

과학자들의 연구로 전자기파 복사는 에너지를 전달한다는 것을 알게 되었다. 전자기파가 전달하는 에너지(E)는 전자기파의 주파수(ν)에 비례하는데 그 비례상수 h를 플랑크 상수(6.626×10^{-34} J·s)라고 부른다. 즉 E = hν. 에너지의 기본 단위는 J이지만 전자와 같은 작은 입자에 대해서는 보통 eV(일렉트론볼트)라는 단위를 쓴다. 1eV는 전자 하나가 1V의 전위차 아래에서 갖는 에너지로 1.6×10^{-19} J이다. 따라서 플랑크 상수 h는 (6.626×10^{-34} J·s)/(1.6×10^{-19} J/eV) = 4.14×10^{-15} eV·s라고 표시할 수 있다. 즉 복사선의 주파수에 플랑크 상수를 곱하면 그 복사선이 갖는 에너지를 J 혹은 eV의 단위로 나타낼 수 있다. 한편 파동의 전달 속력은 주파수(ν) 곱하기 파장(λ)이다. 전자기파의 속력(c)은 통과하는 매질의 종류에 무관하게 3×10^8 m/s로 일정하다. 즉 c=νλ. 이 식을 파장(λ)에 대해 다시 쓰면, λ=c/ν가 된다. 그러므로 전자기파의 파장(λ)은 (3×10^8 m/s)/주파수(ν)라고 표시된다.

　여러 가지 복사선이 갖는 에너지와 파장의 스펙트럼을 그림 3에 나타내었다. 맥스웰이 무지개에 해당하는 복사선 전체 스펙트럼에서 가시광선이 차지하는 영역은 아주 협소하다. 에너지 면에서 eV 단위로 볼 때, 100M(메가) eV부터 0.1n(나노) eV까지의 전체 복사 스펙트럼 영역에서 가시광선이 차지하는 에너지는

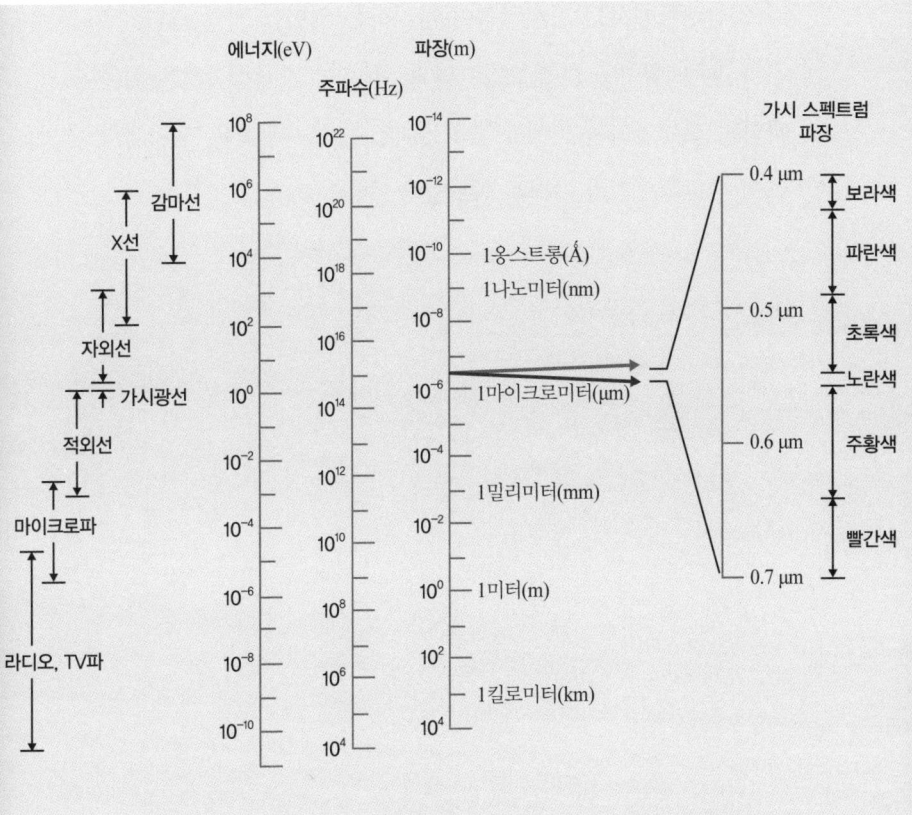

그림 3 맥스웰의 무지개

수 eV 정도이다. 전자기파의 파장으로 볼 때는 수십 km(킬로미터)에서 수백분의 1 pm(피코미터)까지의 전체 영역에서 가시광선의 파장은 겨우 0.4~0.7 μm(마이크로미터) 정도이다. 그러나 우리 일상생활에서는 가시광선이 차지하는 역할이 가장 크다. 우리가 흔히 '빨주노초파남보'로 알고 있는 이 가시광선은 사실은 과학적으로 엄청난 의미를 담고 있다. 이 가시광선은 '생활과학 에세이 1'에서 이미 자세히 다루었다.

감마선(Gamma ray)

 인류가 이름 붙인 전자기파 중에서 가장 센 놈, 곧 에너지가 가장 큰 전자기파는 감마(γ)선이다. 감마선은 자연 상태로는 방사성 핵 방출의 하나로써 혹은 우주선(宇宙線, cosmic ray)에서 발견된다. 감마선이라는 독특한 이름을 갖게 된 내력도 X선만큼이나 기구하다. 원래는 라듐 같은 방사성 물질을 연구하는 중에 세 가지 성분의 방사선(radioactive ray)이 나오는데, 이들을 차례로 알파(α), 베타(β), 감마(γ)라고 명명하였다. 영어로 치면 a, b, c라고 이름 붙인 셈인데, 우리말로는 가, 나, 다라고나 할까? 이들 세 가지 방사선이 자기장을 통과하면 알파선은 왼쪽으로 휘어져서 양(+)전하를 갖는 헬륨 원자핵의 흐름이라고 밝혀졌고, 베타선은 그 반대쪽인 오른쪽으로 휘기 때문에 음(−)전하를 갖는 전자의 흐름으로 밝혀졌다. 감마선은 휘지 않으므로 전하를 가지지 않고 고에너지 광자를 갖는 전자기파로 밝혀졌다.

이 세 가지 방사선의 성질을 구별하는 가장 쉬운 방법은 종이카드, 알루미늄(Al) 판, 납(Pb) 판을 차례로 세워 놓고 세 방사선을 통과시켜 보면 된다. 알파 입자는 종이카드에 의해 차단되고, 베타입자는 종이카드는 투과하지만, 알루미늄판에 의해 차단된다. 그러나 감마선은 두꺼운 납 판을 포함하여 모두 통과한다. 위 세 가지에 양전자 방출과 전자 포획이 추가되어 핵붕괴 방식은 모두 다섯 가지라고 알려져 있다. 여기서 양전자(陽電子, positron)란 전자와 질량은 같으나 전하의 부호가 반대인 입자를 말한다. 양전자는 1932년에 발견되었다. 어떤 원자핵은 자발적으로 양전자를 방출한다고 알려져 있다.

'생활과학 에세이 1'에서 광전효과 설명에서 살펴본 대로, 광자는 충돌을 통해 자신의 에너지를 전자에게 줄 수 있다. 또한 광자는 전자와 양전자로 변환하기도 가능하다. 이 과정을 쌍생성(pair production)이라고 하며, 이때 전자기파의 에너지가 물질로 전환된다. 원자핵 근처에서는 전자−양전자 쌍의 생성 과정에 전하의 보존이나 에너지 혹은 운동량의 보존이 이루어진다. 자유 공간에서는 에너지와 운동량을 동시에 보존시킬 수 없으므로 쌍생성이 일어나지 않는다. 전자와 양전자의 정지 에너지($E=mc^2$)는 각각 0.51 MeV(메가 일렉트론볼트)이다. 그러므로 쌍생성이 일어나기 위해서는 광자의 에너지가 최소한 1.02 MeV가 되어야 한다. 이에 상응하는 광자의 최대 파장은 1.2 pm(피코미터)이다. 1 pm는 (10의 -12승) m로 1조(兆)분의 1 미터이다. 이러한 파장을 갖는 전자기파를 감마선이라고 부른다.

지금까지의 논의를 종합하면 가시광선뿐만 아니라 X선과 감마선도 모두 광자로 이루어져 있다. 처음에는 이것들의 실체를 몰라서 이름을 이상하게 지었지만, 본질에 있어서는 모두 같은, 에너지를 운반하는 복사선이라고 이해하면 된다. 광자(전자기파)와 물질이 상호작용하는 주된 방법은 광전효과(photoelectron effect), 컴프턴 산란(Compton scattering), 쌍생성(pair production)이라고 세 가지로 종합하여 정리할 수 있다. 여기서 컴프턴 산란이란 광자가 물질에 충돌하여 광자의 에너지가 흡수되는 현상을 물리학적으로 처음으로 설명한 미국의 컴프턴(Arthur H. Compton, 1892~1962)의 이름을 따서 붙인 것이다. 이 세 가지 과정 모두에서 광자의 에너지는 전자에게 전달되고, 전자는 다시 자신이 속해 있는 원자에게 그 에너지를 잃어버린다. 광자 에너지가 낮을 때는 광전효과가 주된 에너지 손실 방법이다. 에너지가 높아질수록 광전효과는 덜 중요해지고, 컴프턴 산란이 중요해지기 시작한다. 물질의 원자번호가 높을수록 광전효과의 중요성이 늦게까지 남는다. 즉 높은 에너지 범위에서도 광전효과가 일어난다. 무거운 원자에서는 광자 에너지가 약 1 MeV 가까이 되어야 컴프턴 산란이 지배적이지만 가벼운 원자에서는 수십 keV에서도 컴프턴 산란이 지배적이다. 광자의 에너지가 1.02 MeV를 넘어서면 점차 쌍생성이 증가한다. 흡수물질의 원자번호가 증가할수록 낮은 에너지에서부터 감마선의 주된 에너지 손실의 원인은 쌍생성이 된다. 가장 무거운 원자에서는 약 4 MeV에서 그 중요도가 컴프턴 산란과 교차하나, 가벼운 원자에서는 10 MeV에서 교차한다. 따라서 전통적인 방사능 붕괴에 의한 에너지 범위에서의 감마선은 주로 컴프턴 산란으로 물질과 상호작용한다.

쌍생성의 역반응을 쌍소멸(pair annihilation)이라고 하는데, 이는 양전자가 전자에 가까이 있고, 그들의 전하가 반대여서 서로 접근하게 되면 쌍으로 함께 소멸이 일어난다. 이때 전자와 양전자 두 입자는 동시에 소멸(消滅)되며, 사라진 질량은 $E=mc^2$의 식에 의해서 에너지로 변화되어 두 개의 감마선 광자를 발생시킨다. 방사성 원소의 핵에서 자발적으로 방출되는 양전자를 재료에 쪼이면 재료 내의 전자와 반응하여 광전자가 소멸하게 되는데, 이 양전자 소멸(positron annihilation) 과정을 연구하면 그 재료의 결함(defect)에 관한 정보를 알 수 있다. 전자와 양전자의 쌍소멸 현상은 의학적인 영상을 얻는 데도 활용되고 있다.

치매(痴呆, dementia) 환자를 데리고 종합병원의 신경과(neurology)에 찾아가면 문진 후 몇 가지 검사를 주문한다. 그 가운데 하나가 영상의학과에 가서 실시하는 광전자 단층촬영이라고 부르는 PET(Positron Emission Tomography)이다. PET에서는 적당한 양전자 방출 방사능 핵종, 예를 들면 산소 동위원소 ^{15}O를 환자의 몸에 주사를 놓거나 먹도록 하여 몸 안을 순환하도록 한다. 이 과정에서 양전자는 방출되자마자 몸의 조직을 이루는 원자 내의 전자를 만나게 되고 둘은 바로 없어진다. 이 소멸에 따라 발생하는 감마선들의 방향으로부터 소멸의 위치, 즉 양전자가 없어지는 조직 내의 원자핵의 위치를 알 수 있다. 이런 방법으로 몇 mm의 정확도를 갖고 방사성 핵종의 농도에 관한 지도를 영상으로 만들 수 있다. 그 영상은 디지털화되어 파일로 저장되고 담당 의사는 여기에 접근할 수 있다. 이 영상을 담당 의

사를 비롯한 전문가들이 해석하여 환자의 상태를 진단한다. 예를 들어 정상적인 두뇌에서 신진대사 활동이 만드는 PET 영상은 뇌의 반쪽 모습에서 양쪽이 비슷한 모양을 보이나, 비정상적인 두뇌에서는 불규칙한 스캔 영상이 나온다. 그렇지만 많은 경우 PET 영상만으로 치매의 원인을 특정하기는 어렵다.

큰 대학병원의 영상의학과 주변에 앉아 있다가 보면 길 안내판에 감마 나이프(gamma knife)란 말이 나온다. 자세히는 모르지만, 에너지가 높고 집속(集束)이 잘 되는 감마선을 이용하여 종양 등을 제거하는 외과수술에 쓰이는 게 아닐까 생각된다. 통상적으로 수술하는 외과 의사를 집도의(執刀醫)라고 하는데, 스테인리스강(stainless steel)으로 된 수술칼을 쥐고 이 칼을 사용하여 종양을 제거하지만, 감마 나이프란 신체 부위를 칼로 절개하지 않고 종양 부위의 위치를 특정하여 감마선으로 악성 종양만 예리하게 제거하거나 태워버리는 새로운 첨단 의술로 보인다.

이렇듯 첨단 과학 기술을 활용하여 질병을 진단하고 치료하려는 노력이 오늘날에 활발하게 이루어지고 있다. 복사선 이외에 파동을 이용한 진단 방법을 여기서 소개하려고 한다. 방사선을 이용한 방법들이 효과적인 진단 방법이긴 해도 방사선의 피해가 염려되니까 적용할 때 조심해야 한다. 뒤에서 설명할 X선 CT의 대안으로 MRI가 많이 언급되고 있다. MRI는 핵자기공명(nuclear magnetic resonance, NMR)이라는 물리학적인 현상을 이용하고 있다. NMR은 조금 전문적인 용어로 표현하면 핵자기모멘트를 찾아내는 방법이다. 원자핵 주위의 전자들은 외부자기장으로부터 핵을 일부 차폐(shield)시키는데, 차폐 정도는 핵의 화학적 환경에 의존한다. 높은 에너지인 들뜬상태로 올라간 핵이 낮은 에너지 상태로 내려오는 데 걸리는 이완시간(relaxation time) 역시 이 환경에 의존한다. 이런 NMR의 특성은 화학자들이 NMR 분광학을 사용하여 물질의 상세한 화학구조를 밝혀내는 데 도움이 된다. 예를 들면 CH_3, CH_2, OH 기(基)에 있는 수소 원자핵들은 같은 자기장 안에서 조금씩 다른 공명주파수를 가진다. 보통 알코올이라고 부르는 에탄올(ethanol)의 NMR 스펙트럼에서 이 들 세 가지 기(基)의 공명주파수 세기는 3 : 2 : 1의 비율로 나타난다. 에탄올 분자는 두 개의 C 원자, 6개의 H 원자 그리고 하나의 O 원자를 갖고 있고, 위의 세 가지 기들로 연결되어 있음은 이미 알려져 있다. 따라서 에탄올의 화학식으로 단순히 구성 원자들 비율로 C_2H_6O로 표기하는 게 일반적이지만, CH_3CH_2OH 또는 C_2H_5OH로 표기하기도 한다. CH_3가 세 개의 H 원자를, CH_2가 두 개의 H 원자를, 그리고 OH가 한 개의 H 원자를 가지고 있으므로 공명주파수 세기의 비 3 : 2 : 1은 이것과 관련된다는 생각이 옳다고 확증시켜 준다.

의학계에서는 환자들에게 '핵'이라는 용어의 심리적 부담감을 없애기 위해 NMR이라고 부르지 않고 MRI(magnetic resonance image)라고 부른다. MRI는 환자가 잠시 자석 사이에 들어가 있어야 하는 부담은 있지만, 에너지가 높은 방사선인 X선을 사용하지 않고 RF(radio frequency) 영역의 전자기파를 사용한다. RF 전자기파는 인체를 이루는 물질 내의 화학결합에 영향을 주기에는 너무 적은 에너지를 가지고 있어서 생체조직에 해를 끼치지 않으므로 MRI는 이른바 CT보다 안전하다. 인체는 주로 물(H_2O)로 되어 있으므로 일반적으로 양성자(H^+) NMR을 채택한다. 자기장 기울기(magnetic gradient)의 방향을 변화시켜 인체의 얇은 (3~4mm) 조직 시편에 들어 있는 양성자의 밀도를 보여주는 영상을 컴퓨터로 구성한다. 특정 단면에 있는 인체 조직의 모양을 3차원의 영상으로 볼 수 있다. 이완시간 지도(relaxation time map) 또한 만들 수 있으며, 질병이 있는 조직은 정상 조직과 다른 이완시간 값을 보여주므로 유용한 정보를 얻을 수 있다. 또한 MRI는 X선 CT 단층촬영보다 해상도가 높다. 그러나 MRI는 CT보다 가격이 비싸고 아직은 의료보험 적용에 제한적이다.

또 인체에 폐해가 경미(輕微)한 다른 의료용 진단 방법이 초음파사진이다. 초음파를 신체 부위에 쏴서 되돌아오는 파의 신호를 스캔한 후 신호 처리하여 입체적인 영상으로 디스플레이에 나타나게 하는 방법이다. 산부인과에서 임신 중인 아기의 모습을 사진으로 촬영하여 태아와 엄마의 건강 여부와 태아의 성별을 검사한다. 그 외에 경동맥이나 갑상선(甲狀腺) 종양의 검사 등에 활용된다. 음파는 공기 밀도의 차이로 인하여 생기는 압력 차이에 기인한다고 한다. 음파는 공기 중에서 전달 속도가 약 340m/s로 전자기파에 비하면 훨씬 느리고, 전자기파는 횡파(transverse wave)이지만 음파는 종파(longitudinal wave)라고 한다. 음파도 엄연한 파동이다. 파동은 에너지를 전달한다. 인간이 생리적으로 느끼는 아픔(pain) 중에 산통(産痛) 다음으로 요로결석에 의한 아픔을 들기도 한다. 비뇨기과에서는 신장이나 요로에 껴서 환자에게 고통을 주는 결석(돌)을 깨기 위해 초음파를 이용하기도 한다. 돌을 파쇄하기 위해서는 에너지가 좀 있는 초음파를 반복적으로 돌 있는 곳에 쏜다.

물체의 움직임이 음파(소리)보다 속도가 빠르면 초음속(supersonic)이라고 한다. 비행기의 추진력을 높이면 초음속의 속도를 낼 수 있다. 이때 마하라는 단위를 쓴다. 마하는 유체가 정지해 있을 때의 물체의 속력과 유체 속에서의 음속 사이의 비를 말하며 기호는 M(mach)이다. 초음속 개념을 도입한 오스트리아의 과학자 마하(Ernst Mach, 1838~1916)의 이름에서 땄다. 보통 공기 속에서 고속으로 운동하는 탄환, 비행기, 미사일 등의 속력을 나타낼 때 쓴다. 예를 들어 마하 0.5는 음속의 절반에 해당하는 속력이다. 마하 1은 공기 중에서의 음속인 1,224km/h에 해당한다. 비행체가 공기 중에서 마하 1을 넘는 초음속으로 비행하면 비행체 주위의 공기에는 충격파(shock wave)가 생성된다. 이 충격파를 전후하여 공기의 성질이 급격히 변화한다. 실험실에서는 이러한 충격파를 이용하여 물체에 붙은 불순물을 떼어내기 위하여 액체 용매 안에서 초음파 세척기를 활용한다.

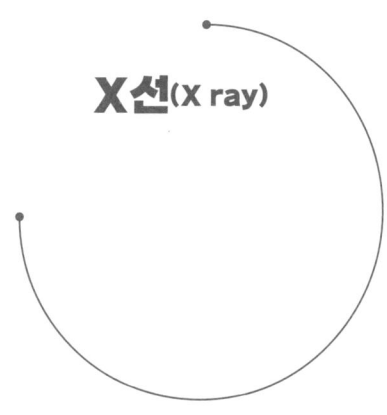

X선(X ray)

　앞 책인 '생활과학 에세이 1'에서 빛의 입자성을 입증하는 실험 결과로 광전효과를 설명한 바 있다. 광전효과란 금속 표면 위에 빛을 쪼이면 금속에 구속되어 있던 전자가 빛으로부터 에너지를 받아 금속 표면에서 튀어나오는 현상을 의미한다. 그러면 광전효과의 역과정, 즉 전자의 운동에너지 전부 혹은 일부가 광자로 바뀔 수 있을까? 공교롭게도 이러한 역광전효과는 아인슈타인이 광전효과를 새로운 양자 이론으로 설명하는 업적이 있기 전에 이미 발견되었다. 1895년 독일의 뢴트겐(Wilhelm Roentgen, 1845~1923)은 빠른 전자를 금속판에 충돌시킬 때 방출되는 투과력이 강한 복사선을 발견하였다. 당시에 그는 이 강한 투과력의 복사선이 무엇인지 몰라서 그냥 X선(X ray)이라고 명명하였다. 이 X선은 직진하고 외부의 전기장이나 자기장의 영향을 받지 않으며, 불투명한 물체를 쉽게 투과하고, 인광성의 물질에 빛을 내게 하고 사진 건판을 감광시킨다는 사실이 밝혀지기 시작하였다. 발견된 지 얼마 되지 않아 X선이 전자기파의 일종이라고 명백해졌다. 뢴트겐은 이로 인해 1901년 최초의 노벨 물리학상 수상자가 되었다.

아래 그림에 X선 발생장치의 모식도를 나타내었다. 맨 오른쪽에 있는 직류전원에 의해 전류가 흐르면 필라멘트 즉 음극(cathode)이 가열되고 열이온 방출과 함께 전자들이 공급된다. 음극과 금속 표적(target) 사이에 높은 전위차를 유지하면 전자들은 양(+)으로 대전(帶電)되어 있는 표적을 향해 가속도를 갖고 달려간다. 표적의 표면은 전자선의 충돌 방향에 대해 약간 기울어져 있으며, 전자의 충돌과 거의 동시에 X선이 방사된다. 표적 물질은 보통 텅스텐(W)이나 몰리브덴(Mo) 금속을 사용한다. 석영관 내부는 전자의 가속과 충돌을 원활하게 하도록 진공으로 만든다. 고전적인 전자기학 이론에 의하면, 가속이나 감속되는 전자는 전자기파를 발생시킨다. 빠른 속도로 움직이던 전자가 금속 표적에 부딪히면서 갑자기 정지되는데 이는 명백한 감속 현상이다. 이런 상황에서 복사가 발생하므로 이 현상을 제동복사(braking radiation)라고도 부르는데 독일어로 bremsstrahlung이라고 한다. 제동복사에 의한 에너지 손실은 무거운 원자핵보다 약 1,800배 가벼운 전자에서 더 중요하다. 왜냐하면 전자들이 금속 표적의 원자핵을 지날 때 전자가 더욱 감속되기 때문이다. 충돌하는 전자의 에너지가 크거나, 금속 표적 원자의 원자번호가 클수록 더 강력한 제동복사가 일어난다.

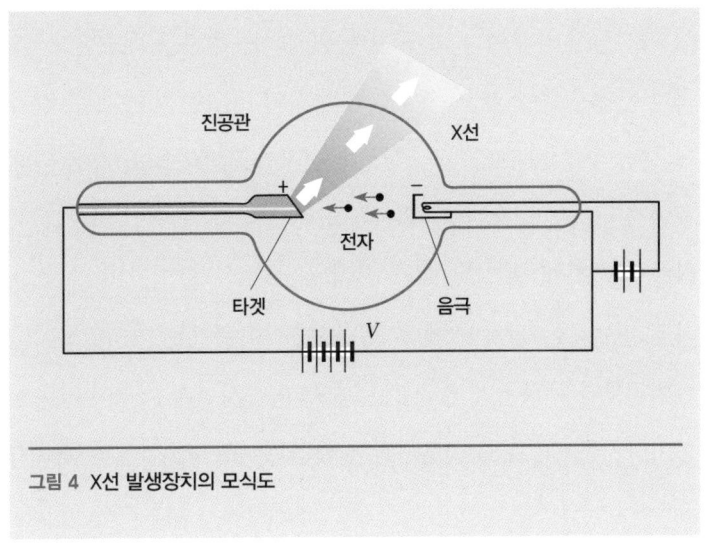

그림 4 X선 발생장치의 모식도

이렇게 발생하는 X선 스펙트럼을 분석하면 표적 물질의 종류에 따라서 특정한 파장에 좁고 뾰족한 부분이 나타난다. X선 스펙트럼은 이 뾰족한 부분과 함께 연속적인 분포의 스펙트럼도 가지고 있다. 연속 스펙트럼의 가장 낮은 파장은 충돌 전자의 에너지에 반비례한다. 가속된 전자가 이들 원자 내의 전자에 충돌해서 밀어내면 위에 있는 원자 내의 전자가 곧 그 자리를 채우게 되는데 이때 원자 내의 전자들의 에너지 차이가 광자 에너지로 변환되어 외부에 복사(전자기파)로 방출된다. 표적 물질 원자의 최외각 전자 하나를 떼어내는 데에는 단지 몇 eV 정도의 에너지만 필요하다. 이러한 원자 내 전자의 전이는 맥스웰의 무지개에서 가시광선 부분이나 그 근처에 위치하는 광자를 배출한다. 그러나 무거운 원소의 안쪽에 있는 전자의 경우는 핵에 매우 강하게 구속되어 있어서 이들 원자 내 전자가 외부 가속전자에 의해 떨어져 나가면 그보다 위 궤도에 있는 전자가 곧 떨어지며 그 자리를 차지하게 되는데, 이때 전이되는 에너지값의 차이가 크고 이에 관여하는 광자의 에너지도 크다. 이 광자는 가시광선이나 자외선보다 에너지가 훨씬 큰 복사를 방출하는데 이것이 바로 X선이다. 아울러 이때 발생하는 광자의 숫자도 많아서 이 에너지(파장)에 해당하는 X선의 세기가 스펙트럼에서 뾰족하게 나타난다. 이 뾰족한 복사선은 표적 물질의 원소에 따라 다른데 이를 그 원소의 특성 X선(characteristic X ray)이라고 부른다.

원소별로 이 뾰족한 선 스펙트럼의 주파수를 분석하면 그 원소의 원자번호(Z)를 실험적으로 알 수 있다. 이 아이디어를 처음으로 제공한 이가 영국의 물리학자 모즐리(Henry G. J. Moseley, 1887~1915)였다. 그 당시까지는 알고 있는 원소들을 질량(무게) 순서대로 번호를 매겨서 원자번호를 부여하였다. 요즘 물리나 화학 지식에 의하면 원자번호는 그 원소가 가지고 있는 전자의 개수이다. $Z=27$은 코발트(Co), $Z=28$은 니켈(Ni)의 원자번호인데, 원자량은 각각 58.93과 58.71로서 순서가 잘못되었다. 원자량에 g을 붙이면 그 원소 1몰, 즉 아보가드로수인 약 602해 개의 원소의 무게가 된다. 더욱이 모즐리는 자신의 원자 스펙트럼 실험 데이터를 제시하며, $Z = 43, 61, 72, 75$에 해당하는 원소들이 빠져 있음을 발견하고, 당시에는 발견되지 않은 원소의 존재를 예언하였다. 몇 년 후에 앞의 두 원소는 테크네튬(technetium)과 프로메튬(promethium)으로 실험실에서 처음으로 만들어졌으며, 마지막 두 원소는 하프늄(hafnium)과 레늄(rhenium)인데, 1920년대에 발견되었다. 이 연구가 있고 나서 제1차 세계대전이 반발하여 젊은 모즐리는 영국군에 징집되었고, 터키 전선에서 27세에 생을 마감하였다.

X선을 처음 발견한 뢴트겐은 부인의 반지 낀 손을 찍어 학계

에 보고하였다. 뼈를 다쳐서 정형외과 병원을 가면 우선 다친 부위의 X선 사진부터 찍는다. 치과 병원에 가면 치아 부분의 X선 사진을 파노라마로 찍는다. 담당 의사는 X선 사진을 보고 건강 상태를 진단한다. 이처럼 의료 진단용으로 X선이 많이 사용되는데, 이는 인체 조직에 따라 X선의 흡수 양태가 다르다는 사실에 기초를 둔다. 이렇게 X선의 광자가 물질에 충돌하여 광자의 에너지가 흡수되는 현상을 처음으로 밝혀 노벨물리학상을 받은 미국의 컴프턴(Arthur H. Compton, 1892~1962)의 이름을 따 컴프턴 효과 혹은 컴프턴 산란이라고 부른다. 칼슘이 포함된 뼈는 지방질보다 X선에 더 불투명하며, 근육보다는 더더욱 불투명하다. 소화기 계통을 X선으로 검사할 때는 사진의 명암을 더 뚜렷하게 하려는 노력의 하나로 환자에게 바륨(barium)이 포함된 화합물을 섭취하도록 한다. 또 혈관 상태를 조사하기 위해서는 다른 화합물을 혈관에 주사하기도 한다.

종합병원에서 X선 사진을 찍고 판독하는 분야를 X선과 혹은 방사선의학과(radiology)라고 부르다가 요즘은 다른 과학 기술의 발달과 함께 영상의학과라고 부른다. 옛날에는 허리가 아파서 종합병원의 정형외과를 가면 간단한 문진 뒤에 X선 사진을 찍으라고 하고 다른 날에 또 오라고 한다. 당시에는 X선 사진을 찍은 뒤에 필름을 현상하는 데 시간이 필요했기 때문이다. 방사선의학과에 가서 X선 사진을 찍고 다음 예약일에 가면 담당 의사가 현상(develop)되어 있는 필름을 검토하고 처방을 내린다. 요즘은 X선 사진을 찍으면 즉석에서 데이터가 디지털화되어 컴퓨터에 실리고 담당 의사의 컴퓨터로 전송되어 의사와 바로 면담할 수 있다. CT(computerized tomography)라도 찍으면 인체의 상태를 입체적으로 단면을 바꿔가면서 파악할 수 있다.

교통사고 등으로 몸을 다쳐 병원으로 가면 CT, MRI 등을 찍으라고 한다. CT는 X선을 우리 몸에 쪼이는 것이고, MRI는 좀 다른 원리이다. 의료용 X선을 찍을지 말지를 고려할 때 위험성과 유익성 사이의 균형을 잘 맞출 필요가 있다. 충분한 이유도 없이 X선을 우리 몸에 쪼이면 안 된다. 일반적으로 유방암 증후가 없는 젊은 여자에게 유방암 조사를 위한 X선 검사는 암으로 인한 사망률을 줄이는 게 아니라 오히려 늘린다고 판단되어 지금은 별로 권장하지 않는다. 특히 임산부에게 X선을 쪼이면 태어날 아이에게 암 발생 가능성을 높일 수 있으므로 대단히 위험하다. 최신화된 장비도 가슴 CT 촬영은 한 번의 가슴 X선 촬영보다 몇백 배의 방사선을 우리 몸에 조사(照射)하므로 인체에 유해하다. 특히 어린이에 대한 CT 스캔은 심각한 위험이 있을 수 있으므로 그 정당성 검증을 신중히 해야 한다. 이렇게 일반인에게 X선에 대한 인식이 좋지 않게 됨으로써 종합병원 대부분이 방사선의학과를 영상의학과라고 이름을 바꾸었나 보다. 아울러 X선 대신에 다른 방법을 사용하려는 노력도 의공학 분야에서 이루어지고 있다.

1912년에 X선의 파장을 측정하는 방법이 고안되었다. 당시의 파동이론으로도 파장의 측정은 회절 실험을 이용하는 게 이상적이라고 여겨졌는데, X선의 파장이 결정 내의 인접 원자 사이의 간격과 비슷한 사실을 응용하였다. 수행된 실험에서 X선의 파장이 0.013~0.048nm 사이라고 밝혀졌다. 이는 가시광선 파장의 10의 −4승 배 정도이며, 따라서 X선의 광자는 가시광선의 광자보다 10의 4승 배만큼 에너지가 더 크다. 파장이 0.01~10nm 사이인 전자기파가 X선의 범주에 속한다. 그러나 그 경계는 뚜렷하지 않다. X선은 파장이 짧은 쪽으로는 감마선과 겹치고, 파장이 긴 쪽으로는 자외선과 겹친다.

원자들이 삼차원적으로 전후, 좌우, 상하로 규칙적으로 배열되어 결합되어 있는 고체 물질을 결정(結晶), 영어로 crystal이라고 하는데, 결정에 전자기파가 입사하면 각 원자에 의해 산란 된다. 결정을 이루는 각 원자는 전자기파를 받으면 제2차적인 전자기파를 모든 방향으로 내보낸다. 파동의 용어로 표현하면 입사파는 평면파인데, 각 원자가 내놓는 제2차적인 파는 구면파이다. 원자들은 외부로부터 받은 평면파를 흡수하여 다시 같은 주파수의 구면파를 배출한다. 어떤 방향으로 산란 된 제2차 파는 서로 보강간섭을 일으키고, 다른 방향에서는 상쇄간섭을 일으킨다. 보강간섭을 일으키는 특정한 평면을 브래그 평면(Bragg plane)이라고 하며 보강간섭이 일어나는 조건은 간단한 기하학적 논의를 거치면 다음과 같은 공식으로 귀결된다.

$$n\lambda = 2d \sin\theta, \quad n = 1, 2, 3, \ldots$$

여기서 d는 브래그 평면 사이의 간격, θ는 입사각이며, λ는 쪼인 X선의 파장이다. 간단한 이 관계식은 1913년 아버지 브래그(William Henry Bragg, 1862~1942)에 의해 유도되었으며, 그는 1915년 아들 브래그(William Lawrence Bragg, 1890~1970)와 함께 X선 회절 연구로 노벨물리학상을 수상하였다. 위 브래그의 식은 원자의 규칙적인 배열로 이루어진 결정에 X선 영역의 전자기파를 쪼이면 어느 특정 면들에서 보강간섭이 일어나는 현상을 나타내고 있다.

자연에서 위 브래그의 식을 만족하면서 자신의 존재를 과시하는 동물들이 있다. 이때 복사선은 X선이 아닌 가시광선이다. 어떤 나비는 청색의 날개를 갖고 있는데 상황에 따라 날개의 색이 조금씩 변화한다고 한다. 파랑 나비의 날개에는 수백 나노미터 수준의 규칙적인 간격을 갖는 그물 망사를 갖고 있어 위기 상황이 오면 나비가 그물의 간격을 조정하여 외부에서 비추는 백색광 중에서 브래그의 식을 만족하는 특정 파장의 빛만이 회절 되어 외부로 반사되게끔 한다. 화려한 색이 나는 비단뱀이나 여러 가지 색깔로 변신하는 카멜레온(chameleon)의 피부에도 이런 규칙적인 생체 요소가 있어서 독특한 빛깔을 낸다고 한다. 생물학에서 이런 동물의 행태를 의태(mimicry)라고 한다.

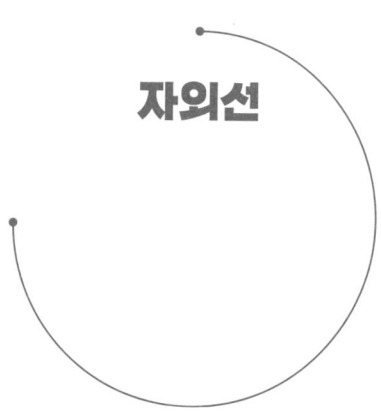

자외선

앞에서 우리는 전자기파 스펙트럼을 일명 맥스웰의 무지개라고 부른다고 했다. 보라색보다 짧은 파장의 빛을 가시광선의 보라(紫) 바깥(外)쪽에 있는 빛이라는 뜻으로 한자어로 자외선(紫外線)이라고 부른다. 영어로는 보라색을 초월하는 광선이란 뜻으로 ultraviolet(UV) ray라고 부른다. 자외선은 10~400nm의 파장을 가지며 주파수는 750THz~30PHz이다. T는 Tera로 10의 12승이며 P는 Peta로 10의 15승이다.

자외선은 가시광선 영역을 벗어나는 주파수를 지니므로 우리 눈으로 볼 수 없다. 의학적으로 각막을 제거하면 자외선이 청

백색으로 보인다고 한다. 이는 자외선 영역의 빛에 망막에 있는 세 가지 RGB 원추세포가 모두 반응하는데, 파랑 원추세포가 더 잘 반응한다고 한다. 인상파 화가인 모네(Claude Monet, 1840-1926)가 86세에 사망하여 같은 시대의 고흐(Vincent van Gogh, 1853~1890)나 고갱(Paul Gauguin, 1848~1903)에 비하여 장수하였는데, 말년에 시력으로 고생한 흔적이 그의 작품에 나타난다고 한다. 그가 백내장 수술을 받은 후 그림에 푸른색이 많아졌는데 이것 때문이라는 주장이 있다.

곤충 대부분은 자외선을 볼 수 있다. 단색으로 보이는 꽃을 자외선으로 촬영해 보면 꽃의 중앙에 새로운 무늬가 나타나는 종류가 많은데, 곤충을 유인해 꿀을 제공하고 수분을 원활하게 하려는 것이다. 배추흰나비 같은 곤충은 사람이 볼 때는 암수가 똑같이 흰색이지만 자외선으로 찍어 보면 수컷은 검게, 암컷은 희게 보인다고 한다. 자외선을 볼 수 있는 조류와 어류가 있으며, 포유류 중에도 고슴도치 등에 그런 종이 간혹 있다고 알려진다.

자외선은 가시광선보다 에너지가 커서 이를 오랫동안 우리의 눈에 쪼이면 망막세포가 손상된다. 자외선은 사람의 피부를 태우거나 살균작용을 하며, 과도하게 노출되면 피부암에 걸릴 수도 있다. 지상으로부터 약 13~50km 사이의 성층권에 있는 오존층은 태양광선 중 자외선을 차단함으로써 사람을 비롯한 지구상의 생명체를 보호하는 역할을 하고 있다. 사실 과학적으로 보면 자외선의 광자가 지구의 성층권에 들어오면 산소(O_2) 분자와 충돌하여 오존(O_3) 분자를 만들어 전리층을 구성한다고 볼 수 있다. 따라서 대기오염이 심해지면서 오존층이 파괴되어 자외선을 차단하는 능력이 떨어지게 되면 지표면에 도달하는 자외선의 양이 증가하여 사람이나 생명체에 좋지 않은 영향을 주게 된다.

자외선은 1801년 독일의 화학자 리터(Johann W. Ritter, 1776~1810)에 의해 자외선이 가지는 사진 감광작용으로 인하여 처음 발견하였다. 극단적으로 파장이 짧은 자외선은 X선과 거의 구별되지 않는다. 자외선은 에너지가 높아 화학작용을 할 수 있어 화학선(化學線)이라고도 부른다. 오늘날 과학자들은 UV 복사선을 오존층과의 반응 여부로 UV-A, UV-B, UV-C 세 가지 종류로 분류한다.

UV-A : 315~400nm, 혹은 0.32~0.40㎛의 파장. 주파수 750THz~950THz. 파장이 비교적 길어 가시광선에 가까운 끄트머리 부분이어서 이를 볼 수 있는 사람도 있다. 오존층에 흡수되지 않는다. 과거에는 해롭지 않다고 알려졌으나, 사실은 안 그렇다. 피부를 태우는 주역은 UV-B이지만, UV-A는 피부를 벌겋게 만들 뿐 아니라 피부 노화에 따른 장기적 피부 손상을 일으킬 수 있다. 자외선에 민감한 사람은 겨울철에도 선크림(sun cream)을 바르는 등의 대비를 해두어야 한다.

UV-B : 280~315nm의 파장. 주파수 950THz~1.07PHz. 여기서부터는 우리 눈에 완전히 안 보인다. 대부분은 오존층에 흡수되지만, 일부는 지표면에 도달한다. 유리는 통과하지 못하므로 실내에서는 안심해도 된다. UV-B는 동물의 피부를 태우고 피부 조직을 뚫고 들어가며 때로는 피부암을 일으키는데, 피부암 발생의 원인은 대부분 UV-B와 관련이 있다. 자외선이 인체에 도달하면 표피층 아래로 흡수되는데, 이 해로운 광선에서 피부를 보호하기 위하여 인체 면역 작용이 발동한다. UV-B는 피부에서 인체에 필수적인 비타민 D를 형성한다. 자외선에 노출될 때 멜라닌이란 검은 색소를 생성하는데 그것이 자외선 일부를 흡수한다. 백인종과 같이 멜라닌을 적게 생성하는 사람은 UV-B에 대한 자연적 보호막도 적은 셈이다.

UV-C : 100~280nm의 파장. 주파수 1.07PHz~3PHz. 성층

권의 오존층에 거의 모두 흡수된다. 파장 영역이 0.20~0.29㎛인 자외선 중 UV-C는 염색체 변이를 일으키고 단세포 유기물을 죽이며, 눈의 각막을 해치는 등 생명체에 해로운 영향을 미친다.

우리 생활에서 자외선의 용도는 매우 다양하다. 벌레를 유인하는 등(燈)에 쓰이고, 식기나 식수를 살균하는 데 사용된다. 자외선을 비출 때만 보이는 특수 염료로 비밀표식을 만들고, 자외선으로 그것을 확인한다. 주민등록증, 운전면허증, 여권 등 신분증이나 고액권 지폐, 우표, 상품권에 자외선을 비추면 무늬가 나타나도록 특수하게 코팅을 해 놓을 수 있다. 범죄 현장에서 체액을 찾아내는 데 사용되기도 한다. 미용을 위한 피부 선 탠(sun tan)에 사용되며, 파충류를 키울 때 자외선 형광등을 달아주기도 한다. 자외선은 젤 상태의 인공손톱(네일)이나 반도체 공정 중 감광막(photo resist) 등의 경화(UV cure) 용도로 쓰인다. UV glue는 투명 본드처럼 원하는 곳에 바르고 레진같이 자외선(보통 365nm)을 쬐어주면 굳는다. 최근에는 다용도 접착제로도 판매된다. UV 잉크는 인쇄 분야에도 쓰이는데, 유리 벽에 붙이는 투명 실사 출력물은 대부분 UV 인쇄기를 이용해서 만든다. 피부과에서는 건선, 백반증, 아토피 등을 치료할 때 자외선 레이저가 쓰인다. 반도체 분야에서 EPROM(erasable programmable read only memory)이라는 지울 수 있는 ROM의 저장 정보를 지울 때 자외선이 사용된다. 과학용 측정기기로는 자외선-가시광선 분광계(UV-Visual Spectrometer)에서 광원으로 쓰인다. 분자에 자외선이나 가시광선 영역의 빛을 쪼이면 분자 내의 전자가 들떴다가 바닥 상태로 돌아오면서 에너지 차이만큼 빛을 내어놓는다.

우리 주변에는 자외선을 방출하는 기기들이 있다. 벌레 유인 등이나 자외선 살균기에 있는 자외선램프(UV lamp)가 대표적이다. 자외선을 우리 생활에 잘 활용하기 위해서는 자외선 발생장치에 대한 이해가 필요하다. 자외선램프를 켜면 보이는 보랏빛 조명을 자외선이라고 생각하는 경우가 있는데, 자외선은 사람의 눈으로는 볼 수 없다. 자외선램프에서는 자외선만 나오는 게 아니며, 그중에 섞여 있는 보라색 가시광선이 우리 눈에 보이는 것이다. 보통의 자외선램프는 눈에 부신 가시광선을 차단하는 경우가 없는데, 이는 자외선이 방출되는 줄도 모르고 멍하니 램프를 들여다보는 일을 막기 위해서이다. 자외선 살균기에서는 살균력이 가장 강한 파장 265nm 부근의 UV-C 자외선을 방출한다. 연속 조사(照射)용으로는 저압수은방전관(피크 254nm) 또는 수은-크세논 방전관을 이용하고 순간 조사용으로는 카메라 플래시에 쓰이는 제논 방전관(피크 230nm)을 이용한다. 보통 UV-Vis 분광기에서 자외선을 얻기 위해 중수소 아크 램프나 제논 아크 램프를 쓴다. 요즘은 270nm 부근의 UV-C를 발생시키는 LED(light emitting diode) 제품도 나오고 있다.

자외선 지수(UV index)는 자외선의 강도를 피부가 타는 정도를 나타내는 국제표준이다. 대략 여름 맑은 날 한낮의 태양광의 강도를 10으로 잡고 비례적으로 표시한다. 저위도 지방이나 바닷가, 고산 지방은 당연히 자외선이 더 강하다. 지수가 2배가 되면 피부가 2배로 더 빨리 탄다. 자외선 지수 2 이하는 가장 낮은 단계로 따로 대책을 마련하지 않아도 무방하다. 지수 3~5에서는 모자나 선글라스의 사용을 권장한다. 지수 6~7은 1~2시간 햇볕을 쬐면 피부 화상이 생길 수 있으므로 긴소매 옷을 입고 양산을 쓰고 자외선 차단제 바르기를 권장하는 단계이다. 자외선 지수 8~10은 1시간 햇볕을 쫴도 피부 화상이 가능하며, 한낮에 외출 자제를 권장하는 위험 단계이다. 지수 11 이상은 수십 분 정도만 쪼여도 피부 화상을 입으니, 가능한 한 실내활동을 권장하는 매우 위험한 단계이다.

자외선은 주로 피부와 눈에 해로운 영향을 미친다. 직업적으로 한쪽으로만 자외선을 쪼여 한쪽 얼굴만 늙는 사람도 있다고 한다. 평생을 같은 집에서 같은 직장으로 버스나 자가용차로 출퇴근한 사람은 얼굴 한쪽에만 기미와 주근깨가 생긴다는 우스갯소리가 있다. 만약 아침에 왼쪽 얼굴에 햇빛을 받으며 출근해서, 햇빛 없는 사무실에서 종일 일하고, 저녁에 차로 퇴근하면 같은 왼쪽 얼굴에 햇빛이 든다. 햇빛에 포함된 자외선을 비롯해 모든 자외선은 발암물질 1군, 즉 암 유발이 확인된 군으로 분류되고 있다. 자외선은 강한 에너지를 가지고 있어서 세포의 DNA 염기 사슬을 끊어 사슬들의 결합을 이상하게 만든다. 이러한 이상은 신체의 교정 기제에 의해 복구되지만, 지속적인 자외선 노출이 인체의 복구 한도를 넘어설 정도로 누적되면 돌연변이를 일으켜 암세포가 발생할 수 있다.

자외선은 염료나 잉크를 파괴해서 인쇄물의 색이 바래게 한다. 건물 외벽에 붙은 포스터가 햇빛을 받아 색이 바래진 것을 볼 수 있는데, 이것은 자외선 때문이다. 특히 빨간색이 더 잘 바래는데, 강조한다고 빨간색으로 써놓으면 나중에는 그것만 안 보이고 더 오래되면 파란 잉크만 남게 된다. 형광등에서도 자외선이 방출되므로 실내에서 가재도구의 색이 바랠 수 있다. 자외선은 플라스틱이라 불리는 폴리머들을 약하게 만드는데, 특히 폴리에틸렌이나 아라미드 등이 자외선에 의해 쉽게 상한다.

　형광등은 고전압의 전기방전으로 아르곤 원자를 들뜬상태로 만들었다가 바닥 상태로 떨어질 때 방출되는 자외선이 유리관 안 벽에 발라 놓은 형광체에 흡수되어 형광 물질의 분자를 들뜨게 한 후 낮은 상태로 전이되어 가시광선을 방출한다. 따라서 형광등 안쪽 벽에 아무리 형광 물질을 치밀하게 발라 놓아도, 형광등을 켜면 방출되는 자외선이 실내로 유출될 수밖에 없다. 그래서 실내에서 일하면서 형광등 불빛만 쬐었는데도 얼굴이 검게 탈 수도 있고, 벽지나 페인트 색깔이 오래되면 변하게 되는 이유는 바로 형광등에서 새어 나오는 자외선 때문이다. 한편 반도체 소자를 제조하는 청정실(clean room) 중에서 마스크(mask) 혹은 레티클(reticle)의 전자회로를 실리콘 웨이퍼에 전사(傳寫)하는 노광실(露光室, 일명 photo room) 내의 불빛은 노란색이다. 그래서 노광실을 일명 엘로우 룸(yellow room)이라고 부른다. 노광실에 형광등을 달면 자외선이 누출되어 노광 작업에 영향을 줄 수 있어서 작업이나 이동 시에 사람의 눈에 무난한 노란색 빛으로 실내조명을 실시한다.

　형광(螢光)이란 말은 반딧불이가 내는 빛이다. 영어로는 형광

물질에 불소 성분이 있어서인지 fluorescence이라고 한다. 사자성어로 형설지공(螢雪之功)이 있다. 여름밤에는 반딧불이 빛에, 겨울밤에는 눈에 비치는 달빛으로 책을 읽어 어려운 중에서 성공한 일화를 표현한다. 반딧불이는 아래 동시에서 읊고 있듯이 개똥벌레라고 불리지만 일급수 근처에 사는 벌레이다.

나를 개똥벌레라 부르지 마!
똥에서 산 적 없어.

일급수가 흐르는 산골
개울가 숲이 내 집이지.
―권영주(1939~), 동시 <반딧불이>(2021)

형광과 비슷한 자연현상으로 인광(燐光, phosphorescence)이 있다. 우리 민화에서는 도깨비불이라고 한다. 분자가 대낮에 광자를 흡수하여 바닥상태에서 들뜬상태로 여기 되어 있다가 조금 시간이 지난 한밤중에 낮은 에너지 상태로 전이되면서 가시광선으로 방출되는 현상이고, 묘지 근처나 산에서 발견되는데 이는 사체의 뼈에 있는 인(P) 성분 때문으로 판단된다.

여름날 한밤중에 개똥벌레가 육지에 있다면, 깜깜한 심해에서 빛을 내고 살아가는 물고기가 있다. 생물에서 발광하는 물질을 루시페린(luciferin)이라고 하는데 루시페라아제로 산화될 때 생기는 에너지로 들뜬상태로 되었다가 바닥상태로 전이되면서 발광한다. 1분자의 산화로 1개의 광자가 방출된다고 알려져 있다. 어려서부터 발광 어류에 관심을 보였던 일본 출신의 시모무라 오사무(下村脩, 1928~2018)는 '녹색형광단백질(green fluorescent protein)'을 발견해 2008년 노벨화학상을 받았다.

반도체 제조공정에서 마스크에 있는 회로 그림을 규소 기판에 옮기는 장비를 노광기라고 한다. 그때 사용하는 광선이 자외선이다. 최소 회로 선폭이 마이크로미터인 시절에는 g선(436nm), i선(365nm) 자외선 노광기(stepper)를 채용했고 니콘이나 캐논 같은 일본 회사의 제품이 강세를 보였다. 이제는 최소 선폭이 나노미터 수준으로 내려오면서 Deep UV(248nm), Very deep UV(157nm)를 거쳐 이제는 극자외선인 Extreme UV(135nm)를 채용한 네덜란드 필립스사 노광기 제품이 독보적인 위치를 차지하고 있고, 장비 한 대 가격이 수천만$(수백억 원)이나 된다.

백문이불여일견(百聞而不如一見)

너는 나를 본 고로 믿느냐? 보지 못하고 믿는 자들은 복되도다.

(Because you have seen me, you have believed; blessed are those who hae not seen and yet have believed)

―요한복음 20장 29절 (John 20 : 29)

우리는 어떤 사실을 귀로 듣기만 해서는 믿지 않고, 직접 눈으로 보아야 직성이 풀리는 경향이 있다. 종교적인 믿음뿐만 아니라 자연의 법칙도 눈으로 확인해야 믿으려 한다. 그래서 직접 눈으로 보지 못하는 영역의 현상도 가능하면 눈으로 볼 수 있는 광학적 이미지를 선호한다. 축구, 육상 등 스포츠에서 어려운 판정은 비디오 영상에 의존한다. 비싼 의료용 진단장치에서도 환자의 상태를 눈으로 확인할 수 있는 사진이 있어야 의사는 안심한다. 그것을 환자나 보호자에게 제시하고 설명하여야 설득력이 있다고 믿게 된다. 이 점에서 실험 결과에 의존하는 자연과학자도 비슷하다. 자연과학이나 공학 관련 논문에서는 주사전자현미경(scanning electron microscope, SEM) 사진을 제시하여야 제대로 실험했다고 저자가 주장할 수 있다. 한자 말로 일목요연(一目瞭然)하다는 말이 있다. 한눈에 보고 환히 알 수 있을 만큼 분명하다는 뜻이다. 요즈음은 육성이나 전화로 통화한 내용을 녹음하여도 증거로 인정되기는 하지만, 그러한 기계가 없던 시절에 백 사람의 전언을 듣느니 한번 자기 눈으로 직접 봐야 믿음이 간다는 의미일 것이다. 백문이불여일견(百聞而不如一見)이라!

이러한 인류의 속성상 눈으로 본 광경을 기록해 두려는 노력은 오래전부터 있어 온 것 같다. 그런 노력이 회화 또는 미술로 발전했다. 전쟁, 행사, 인물의 모습을 돌이나 종이 위에 그려 두려고 하였다. 우리나라의 경우 조선 시대에는 도화서(圖畫署)란 관아를 두어 화원(畫員)을 육성하고 주요 궁궐 행사를 묘사한 그림이나 국왕의 초상화를 그리게 하였다. 옛날에 사람의 모습을 남기는 수단은 초상화가 유일했지만 그림의 특성상 시간이 오래

걸리고 비용이 많이 들었기 때문에 귀족이나 부자의 전유물이었다. 그러나 요즘에는 마음만 먹으면 온 가족이 사진관에 가서 사진을 여러 조합과 자세로 찍어 둔다. 가족 내에서 결혼식이나 고희연을 하면 사진이나 동영상을 찍어 둔다. 그림의 역할을 대신할 수 있게 발전한 게 바로 사진과 동영상이다.

사진이란 물체의 형상을 감광막 위에 나타나도록 찍어 오랫동안 보존할 수 있게 만든 영상을 말한다. 전통적으로 사진은 광원에서 온 광선을 반사하는 물체의 광선을 사진기 렌즈로 모아 필름, 건판 따위에 결상(結像)을 시킨 뒤에, 이것을 현상액으로 처리하여 음화(陰畫)를 만들고 다시 인화지로 양화(陽畫)를 만들어 사진첩 혹은 앨범에 보관한 그림을 의미한다. 사진(寫眞)이란 한자어로 진짜 모습을 그대로 베낀다는 뜻이다. 영어로 사진을 의미하는 photography는 '빛'을 뜻하는 'photo'와 '쓰다'라는 의미의 'graphy'의 합성어로 1839년에 처음으로 사용되었다고 한다. 반도체 제조공정에서 photolithography라는 말을 쓰는데, 빛을 이용하여 실리콘 웨이퍼라는 돌(litho) 위에 전자회로를 그린다는 의미이다.

물리학적으로 사진을 정의하면 '물체에서 반사된 빛을 감광성 재료 위에 기록하여 얻은 그림'을 말한다. 역사적으로 감광성 재료의 개발이 사진의 발달을 좌우하였다. 사진기 혹은 카메라는 빛을 모아 초점을 맞추어 필름이나 CCD 또는 CMOS 같은 반도체 이미지 센서에 상을 맺히게 한다. CCD는 전하결합소자(charge coupled device)의 약어로 빛을 전하로 변환시켜 화상을 얻어내는 초창기의 디지털카메라에서 많이 사용되던 반도체 센서이다. 한편 CMOS는 상보성 금속 산화막 반도체(complementary metal oxide semiconductor)의 약어로 마이크로프로세서나 메모리 등 디지털 회로를 구현하는 반도체 소자의 구조에 관계되는 말로 이를 이용하여 광신호를 촬상하고 기록할 수 있음이 알려지면서 디지털카메라 등에서 저렴하게 이용할 수 있게 되었다.

요즘은 일반화되고 저렴하게 보급된 사진 관련 기술은 대략 200여 년 전에 프랑스에서 처음으로 개발되었다. 원래 사진기는 회화의 스케치를 제공하려는 목적으로 시작되었다고 하며 19세기 들어 광학 기술과 화학의 발달로 획기적인 발전이 있게 되었다. 초기에는 사진 한 장을 찍는 데에 무려 6~8시간이 걸려서 이 방법으로는 인물 사진을 찍을 수 없었고 풍경 사진만 찍었다고 한다. 그 뒤 1839년에 '은판 사진법'이 개발되면서 한 장을 찍는 데에 걸리는 시간이 20분으로 줄여졌고, 이 때문에 인물 사진을 찍는 것이 가능해졌다. 이 덕분에 1840~50년대에 살아있던 서양의 유명인들이 초상화가 아닌 사진으로 자신의 모습을 후대에 전할 수 있게 되었다. 비슷한 시기(1835년)에 영국에서 '종이 인화법'이라고 감광 처리된 종이를 이용한 인화의 개념이 등장하였는데 이는 본격적으로 복제 가능한 사진의 시대를 열었다는 점에서 현대 사진의 시초라고 할만하다. 1851년 영국에서 '습판 사진술(collodion process)'이 개발되어 사진의 획기적인 개량을 가져왔다. 이 발명으로 초기의 '은판 사진술'이나 '종이 인화법'보다 노출시간을 수십 초가량으로 줄이는 데 성공하였고, 음화(陰畵)에서 양화(陽畵)로 인화하는 과정도 간략화시켜 커다란 변화를 가져왔다.

이후 1880년대에 미국의 이스트먼(George Eastman, 1854~1932)은 롤 필름(roll film)을 발명해서 사진 대중화의 길을 텄다. 그는 미국 로체스터에 이스트만 코닥(KODAK) 사를 설립하여 전문 공장을 건설하고, 롤 필름과 코다 카메라를 생산하여 판매하였다. 당시 25달러짜리 코닥 필름이 들어있는 코닥 1호 카메라에는 100장의 필름이 들어 있었는데, 100장을 다 찍고 10달러와 함께 코닥사에 우편으로 보내면 사진을 다 인화해주고

새 필름을 넣어주는 그야말로 혁명적인 개념의 사진 기술을 선보였다. 이로써 현대적인 사진이 완성되었고, 코닥사의 필름을 초기 영화 제작자들이 사용함으로써 영화 산업이 태동하게 되었다.

1928년에 코닥사는 천연색(컬러) 필름을 발명하였다. 그러나 컬러 사진이 대중화되기까지는 오랜 세월이 걸렸다. 본격적인 컬러 사진의 대중화는 1960년대 중반부터 이뤄지기 시작했다. 그때까진 컬러 사진이 촬영은 가능했으나 현상이 비싸고 플래시 기술의 문제로 특별한 순간에만 쓰는 사진이라는 인상이 강했다. 일본은 후지필름 등을 통하여 미국에서 사진 관련 상품과 기술을 도입하였다. 우리나라는 조선 말기부터 사진이 도입되었으나 일반인들은 전쟁을 겪으면서 사진에 대한 눈이 뜨이기 시작했고, 컬러 사진은 1970년대 중후반에야 그 수가 늘었고 1980년대 후반을 기점으로 대중화되었다. 21세기에 들어서면서 디지털 카메라의 시대가 도래하고, 사진은 기존의 필름을 사용한 아날로그 사진과 디지털 사진으로 분화되게 된다. 디지털 사진이 화소 성능 향상과 더불어 아날로그 사진보다 선명하고 깨끗한 상을 얻을 수 있고 아날로그 사진보다도 복제와 재생산이 쉽다는 장점이 있어 현재로서는 예전의 필름 사진을 압도하고 있다. 그러나 아날로그 사진에서만 얻을 수 있는 색채나 질감을 중시하는 마니아층의 수요가 있어, 아날로그 사진의 존재 가치가 완전히 퇴색되지는 않을 듯하다.

조선 말기에 사진기가 처음 등장했을 때는 사진기가 영혼을 뺏어간다고 믿어서 사진 찍는 걸 무서워하는 사람들이 많았던 듯하다. 다른 문화권에서도 대체로 이와 비슷한 반응을 보였다. 영혼을 빼앗긴다는 믿음 때문에 사진 찍히는 사람들의 눈빛이 매우 강렬하단 인상을 받을 수 있다. 이것은 영혼이 눈을 통해 왕래했다는 믿음 때문에 눈을 일부러 강하게 뜨고 있지 않았나 싶다. 필자의 유년 시절 기억으로는 싸진(sergeant)이라고 불리는 미군 하사관들이 카메라를 들고 다니며 마을 풍경이나 사람들의 사진을 찍어 주었다. 사진 찍을 때 사람들의 두려움은 없었고, 며칠 뒤에 그 병사가 동네로 나와서 인화해온 사진을 주인공들에게 나눠 주었다. 그렇게 찍힌 우리들의 사진이 미국 어디선가 한동안 전시되지 않았을까 생각해 본다.

한참 뒤에 우리 민간 마을에도 사진관이 생기고 사진관 유리창에는 DP&E란 문자가 붙어 있었다. 나중에 커서 이 말이 현상(development), 인화(print), 확대(enlargement)의 약자라는 사실을 알게 되었고, 서울 등 도회지에는 사진관이 꽤 많았다. 학생증이나 신분증에 붙이는 증명사진은 꼭 사진관에서 찍었고, 결혼식이나 할아버지 회갑 등 집안 행사에는 미리 사진관에 가 예약을 하였고, 그날이 되면 사진 기사가 커다란 플래시와 함께 카메라를 들고 현장에 출장을 나왔다. 그 뒤 생활이 나아지면서 집마다 소형카메라를 마련하고, 사진을 찍어 사진관에 필름을 맡기고 사진을 찾았다.

디지털카메라가 보편화되면서 사진을 인화하여 앨범에 꽂아놓는 일들이 줄어들고 기존의 사진 산업이 쇠퇴하기 시작하였다. 시중에 작은 사진관이 없어지고 대형화가 되는가 싶더니 이제는 사진관에 갈 일이 현저히 줄어들었다. 증명사진도 자신의 힘으로 간단히 해결할 수 있고, 기존의 카메라는 장롱 안으로 들어갔다. 휴대전화를 갖고 다니다가, 인상 좋은 장면을 보면 바로 셔터를 눌러 사진을 찍어 두면 되고 사진으로 인화할 필요도 없어졌다. 한동안 위세를 떨쳤던 미국의 코닥사나 즉석 사진의 폴라로이드사도 사세가 기울었다. 외국 여행을 갈 때도 휴대전화와 배터리 충전기만 챙기면 사진 찍는 데 문제가 없다. 그런데 외국 관광지에서 열심히 셔터를 눌러대는데, 중간에 현지 전통 복장을 한 젊은이가 와서 무어라고 시비를 건다. 관광안내인의 설명에 따르면 자기 사진을 찍었으니 모델료를 내라고 생떼를 쓴다. 경우는 다르지만, 서울에서도 지하철 등에서 남의 얼굴이나 신체를 맘대로 찍거나 SNS에 올리면 경찰의 조사를 받게 된다.

사진의 등장은 미술계에 있어서 어마어마한 충격이었다. 처음에 사진은 회화의 복제 수단 정도로 여겨졌으나 사실성을 중시하던 기존의 미술이 도저히 경쟁할 수 없는 상대가 되었다. 이로 인해 미술계에서는 현실을 그대로 재현하기보다는 작가의 독특한 관점, 감정, 생각을 나타내려는 사조들이 등장하였다. 그리고 사진 기술의 발전은 사진을 새로운 독창적인 예술 영역으로 대두하게 하였다. 사진을 찍는 일을 직업으로 하는 사람은 사진사, 예술 활동으로서 사진을 찍는 사람을 사진작가, 사진에 대한 전문 지식과 기술을 갖춘 사람을 사진가로 구분하여 부르기도 한다. 순수사진작가(fine art photographer)는 보기에 아름답고 멋있는 사진을 찍으려는 상업사진(commercial photography)과 달리 무언가 예술적인 사진을 찍으려고 한다.

사진은 태생부터 과학과 밀접하게 연관되어 있으며, 또한 예술과 결부되어 있다. 먼저, 렌즈는 인간의 시야 한계나 인식을 넘어서 현실을 세밀하고 정확하게 반영하고 있어 카메라는 사람의 눈이 못하는 것을 할 수 있다. 카메라로 사진의 효과를 넣을 수 있고, 원시 혹은 근시의 영향을 받지 않는다. 카메라에는 줌(zoom) 기능이 있어 먼 데 있는 물건이나 사람을 볼 수 있게 만든다. 둘째, 사진은 과거의 시간을 현재 시점에서 재생시켜주는 역할을 담당한다. 다시 말하면 사진은 현실성(reality)을 갖춘 기록 매체로서의 성격을 가진다. 사진을 보는 사람에게 감정이입 등을 일어나게 하며 현실에 대한 일종의 대리체험이 가능하다. 셋째, 사진은 카메라의 각도에 따라 대상의 모습이 무한히 변화될 수 있어서 찍히는 대상이 갖는 의미가 달라지기도 한다.

사진 관련 기술이 발달함에 따라 영화가 탄생하게 되었다. 초기에 영화를 활동사진(motion picture)이라고 했듯이 사진을 여러 장 연속적으로 배열하면 우리 눈 혹은 뇌에 잔상이 남아 움직이는 영상이 가능하게 되었다. 동영상이라는 용어도 생겨났다. 문자나 말로만 가능하던 이야기가 영상으로 제작되었다. 영사기에서 이 사진들을 일정한 속도로 돌리면 동영상이 가능하게 되었다. 초기에는 무성영화라고 있어서 영상을 설명하거나 말소리를 대신 말해 주는 변사라는 직업이 있었다고 한다. 사진 안에 문자를 넣거나 음성이 동시에 나오게 되는 기술이 나오고 등장인물의 대화나 배경을 말로 설명해 주는 성우라는 직업이 있었다. 요즘에는 배우들이 촬영할 때 동시녹음을 실시하여 사실성을 높이고 있다. 아날로그 영화가 일반화되면서 극장이라는 장소에서 영화를 개봉하고 사람들은 이 영화를 관람하는 일이 일상화되었다. 사람들에게 초상화 등을 그려주던 상업적 화가들은 극장의 광고판을 그리는 사람으로 바뀌었다. 도심의 일류 극장은 등장하는 배우들의 모습이 사실적인 그림을 그려서 걸었고 변두리의 삼류극장은 초라한 간판에 만족해야 하였다. 배우라는 인기 직업이 생겨났고 사람들은 이들을 스타(star)라고 불렀다.

이후 통신과 방송 기술의 발달로 레코드, 텔레비전 등 새로운 시대의 대중예술이 탄생하였고 이런 것들이 처음에는 단순한 복제 수단으로 여겨졌으나 지금은 각각 독특한 예술의 장르로서 자리 잡게 되었다. 디지털 기술의 도래로 영상의 기록과 전송이 용이(容易)하게 되고, 영상의 질도 무척 좋아졌다. 여기서 동영상 혹은 3차원 영상의 의미를 생각해 볼까 한다. 우리의 눈은 화폭이나 사진과 같은 2차원적인 화면을 인식한다. 한 화면을 한 컷(cut) 혹은 한 프레임(frame)이라고 한다. 우리의 눈에서는 한 화면에서 각 요소를 스캐닝(scanning)하여 2차원적인 영상을 완성한다. 이러한 2차원적인 그림을 시간 축으로 연속적으로 연결하면 우리 눈은 잔상을 갖고 있어 동영상으로 느낀다. 여기에 녹음 기능을 동기화시키면 더욱 사실적으로 느끼게 되고, 이런 동영상을 저장해 두는 일을 녹화라고 한다. 우리가 의식의 세계에서 눈으로 보는 화면을 뇌에 기억해 둔다. 우리는 이 화면을 대부분 기억해 내지 못하고 있지만, 우리 뇌에는 그 영상 기록이 남아 있다고 믿고 있고, 그 영상 기록의 용량은 생각보다 그리 크지 않다고 생각하고 있다.

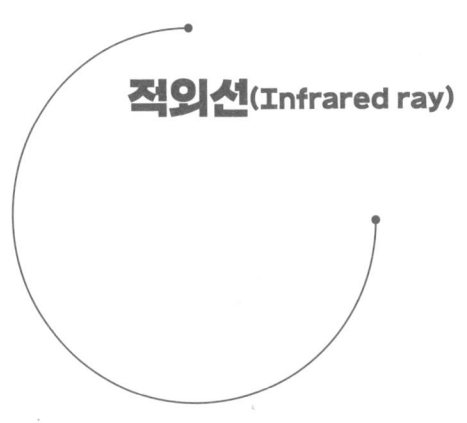

적외선(Infrared ray)

적외선은 태양이 방출하는 빛을 프리즘으로 분산시켜 보았을 때 적색의 끝보다 더 바깥쪽에 있는 전자기파를 말한다. 영어로는 적색(red)보다 아래에 있는 빛이라는 의미로 infrared ray, 짧게는 IR이라고 부른다. 파장 0.75~3㎛의 적외선을 근적외선(近赤外線, near IR), 파장 3~25㎛의 것을 적외선, 파장 25㎛ 이상을 원적외선(遠赤外線, far IR)이라고 한다. 한동안 방송에서 찜질 기구를 광고할 때 원적외선 이야기가 많이 나왔다. 잘못 들으면 근원 원(原)이나 으뜸 원(元)으로 잘못 알기 쉬우나 여기서 쓰이는 글자는 멀 원(遠)자이다. 빛의 파장 스펙트럼에서 적외선의 파장이 적색(R)보다 얼마나 멀리 떨어져 있느냐를 기준으로 세분하여 명명하고 있다.

 적외선은 가시광선이나 자외선에 비해 강한 열작용의 특징이 있어서 열선(熱線)이라고도 한다. 태양이나 발열체로부터 공간에 전달되는 복사열은 주로 적외선에 의한 것이다. 적외선이 강한 열 효과를 보이는 이유는 적외선의 주파수가 물질을 구성하고 있는 원자나 분자의 고유진동수와 거의 비슷하기 때문이다. 이로 인하여 물질에 적외선이 부딪히면 적외선을 이루는 광자의 에너지가 효과적으로 물질에 흡수된다. 특히 액체나 기체 상태의 물질은 각각의 물질에 특유한 파장의 적외선을 강하게 흡수한다. 이 흡수 스펙트럼을 분석하여 물질의 화학적 조성, 반응과정, 분자 구조를 정밀하게 추정하는 수단으로 쓰이는데, 이것을 적외선분광학(IR spectroscopy)이라고 한다.

 우리말에 '햇빛'이 있고 또 '햇볕'이 있다. 이 두 말을 생각할 때마다 필자는 우리 선조들의 조어 능력이 참 과학적이었다고 생각한다. 해로부터 오는 햇빛은 에너지 스펙트럼 중에서 이른바 가시광선을 통하여 전달되는 것으로 우리로 사물을 볼 수 있게 한다. 햇볕은 태양으로부터 오는 전자기파 중에서 적외선으로 인하여 따뜻함을 느낀다는 뜻이다. 우리의 대북정책을 햇볕정책이라고 요약하여 표현하고 있다. 우리가 햇볕으로부터 얻는 따뜻함을 당연하다고 여기듯이 햇볕정책의 수혜자들은 속으로 고맙다고 느낄지 모르지만, 자존심이 있어 그것을 겉으로 나타내지 못한다. 요즘 우리가 자주 쓰는 말 중에 한자어로 된 '태양광'과 '태양열'이 있는데, 순우리말로는 각각 '햇빛'과 '햇볕'이라고 생각하면 된다.

또 '봄볕에 김 밭맬 때는 예쁜 딸내미 내보내고, 가을볕에 고추 딸 때는 미운 며느리 내보낸다'라는 속담을 옛날 어른들에게서 들은 적이 있다. 이 말을 음미하며 우리 조상들의 과학적 관찰력이 대단하다고 느꼈다. 이것이 바로 태양으로부터 오는 적외선과 자외선의 성질을 설명하는 말이 아닌가? 농경사회에서는 일손이 귀하니까 여자든 남자든 직접 육체노동을 해야 했다. 오뉴월에는 밭에 곡식보다 잡초가 더 잘 자라는데, 이 잡초 제거 작업을 '김 밭맨다'고 하였다. 무더위에 밭에 쪼그리고 앉아서 호미로 김을 매기는 참으로 어려운 일이다. 그래도 그것이 여자에게는 초가을에 고추밭에 서서 빨간 고추 따는 일보다는 쉬운 작업이라는 의미이다. 초가을에 온도는 그리 높지 않아도 햇빛이 강한데 이때 자외선이 많이 떨어져서 고추 따러 내보낸 며느리의 얼굴이 검게 그을린다는 말씀이다.

그러면 우리가 한여름에 느끼는 태양의 열기가 직접 태양으로부터 오는 것일까? 그렇다고 잘못 생각하는 사람들이 우리 주위에 많음을 종종 본다. 그런 분들에게 필자는 '비행기를 타 본 적이 있으십니까? 그때 비행기 밖의 온도가 얼마인지 아십니까?'라고 이야기를 시작한다. 비행기 좌석에 앉으면 앞 좌석의 뒤에 자기 눈높이로 디스플레이가 설치되어 있다. 요즘은 VOD(video on demand)로 되어 있어서 각자 원하는 메뉴를 골라 보거나 들을 수 있지만, 옛날에는 일반 객실 앞 벽에 큰 화면이 설치되어 있어서 대낮에는 창문에 커튼을 치고 여객 모두가 같은 영화를 보았다. 쉬는 시간에 가끔 화면에 '비행 정보'라고 뜨는데, 비행기의 고도, 속도, 풍속, 외기온도 등이 자막에 나온다. 필자의 기억으로는 비행 고도는 대략 지상 10km, 외기온도는 섭씨 영하 50도 정도이다. 한겨울에도 지상에서는 영하 10도만 내려가도 춥다고 그러는데, 나는 지금 냉동고에 갇혀있구나라고 생각하였다. 꽤 오래전에 하와이에서 소형 여객기의 지붕이 날아가는 사고가 있었다. 만약 지금 비행기의 덮개가 날아가면 승객들은 산소가 희박해질 터이니 금방 죽겠고, 곧 동태처럼 얼어버리겠다고 생각했다. 비행기 안인 여기보다 태양으로부터 약 10km 더 떨어져 있는 지상의 온도가 확실히 더 높다는 생각이 들었다.

왜 지표의 온도가 지상 10km 상공의 온도보다 높을까? 이것은 온실효과(greenhouse effect)로 쉽게 설명할 수 있다. 태양으로부터 도달하는 여러 복사선은 지표 근처에서 대기 중의 이산화탄소(CO_2)와 수증기(H_2O) 등의 분자에 의해 흡수된다. 태양의 에너지를 흡수한 분자들은 들뜬상태에 있다가 금방 원래의 바닥상태로 돌아오게 되는데 그 상태 전이에 따른 에너지의 차이가 이번에는 열의 형태로 방출된다. 이는 위의 태양에 의해서가 아니라 주로 아래의 지구 표면에 있는 물질들에 의해 지구의 대기에 열이 축적된다는 의미이다. 모든 물체는 처해 있는 온도에 따르는 에너지를 복사한다, 즉 내보낸다. 물체가 복사하기 위해서는 눈에 보이는 가시광선 영역의 빛을 발할 수 있을 만큼 뜨거워질 필요는 없다. 상온에서 물체가 방출하는 복사는 우리 눈에 보이지 않는 적외선이다.

우리 인간은 적외선을 감지 못하나 동물들은 야간에 활동하고 먹이를 잡는 사실로 미루어 적외선으로 물체를 파악할 수 있는 것으로 생각된다. 그래도 우리 인간은 머리를 써서 적외선을 감지할 수 있는 기기를 만들었다. Mercury-Cadmium-Telluride(HgCdTe) 기반의 반도체 물질을 적절히 가공하면 적외선을 감지하거나, 적외선을 발광하는 소자를 만들 수 있다. 이런 소자를 활용하면 적외선 카메라가 가능하여 야간에 동물의 행동을 관찰할 수 있고 휴전선 일대에 CCTV(Closed Circuit TV)를 설치하면 추운 겨울밤에도 따뜻한 막사에서 화면으로 철책선을 경계할 수 있다. 공항에서는 입국하는 사람들에게 적외선 카메라 앞을 지나가게 하여 체온이 높은 사람을 찾아내고 있다.

적외선은 자외선이나 가시광선보다 파장이 길어 미립자에 의한 산란이 적어서 공기를 비교적 잘 투과한다. 대기 중에서의 적외선의 투과성을 이용한 것으로는 항공 사진측량, 원거리 사진, 야간촬영, 거리 측정, 적외선 감시장치 등이 있다. 적외선이 가시광선과 다른 반사율을 가지고 있다는 광학적 특성을 이용하여, 화폐, 증권, 문서 등의 위조검사나 감정에 적외선 사진을 활용한다. 또 열 효과 특성을 이용한 각종 재료, 공산품, 농수산물의 건조와 가열에 응용하는 등 산업과 실생활에서 널리 쓰인다. 의료분야에서는 소독, 멸균과 관절 및 근육 치료에 근적외선이 많이 쓰이고, 파장 10㎛인 적외선 레이저빔은 외과수술, 종양의 제거, 신경의 연결 등에 실용화되고 있다. 거실의 가전제품용 리모컨이 적외선 레이저 빔을 이용한다는 것은 이미 앞 책에서 보였다. 그밖에 자동 경보기, 문의 자동개폐기 등에 적외선과 검출기를 조합하여 쓰기도 한다.

적외선 검출에는 사진 건판, 광전지, 광전관 및 광전도 검출기 등이 쓰이나, 광전도 검출기를 제외하고는 대부분 근적외선의 영역까지만 검출할 수 있다. 즉 건판과 광전관은 파장 약 1.2㎛, 광전지는 파장 5㎛ 이하의 적외선만 검출할 수 있다. 더 넓은 영역의 적외선을 검출할 수 있는 검출기로는 열전기쌍, 볼로미터, 뉴매틱 검출기(pneumatic detector : Golay cell) 등이 있으며, 이들을 열적 검출기라 한다. 열전기쌍은 적외선에 의해 생기는 열을 기전력으로 변환시켜 적외선을 검출하는 방법이며, 볼로미터는 열에 의한 전기저항의 변화를 이용한 것이다. 뉴매틱 검출기는 열에 의한 기체 팽창에 따른 기체의 압력변화를 이용한 것이다.

보통의 텅스텐 백열전구에서 방출되는 복사는 대부분 적외선이며, 가시광선은 에너지 총량의 2~3%에 불과하다. 전구에 불이 들어오면 빨간색 빛이 느껴지고, 전구 표면을 만지면 따뜻하게 느껴지는 이유이다. 텅스텐 필라멘트 전구는 파장 약 3.5㎛까지의 근적외선을 방출하며, 더 넓은 파장 영역의 저외선원으로는 가열된 흑체(黑體: 0~3,300℃)와 네른스트 전구가 있다. 또 매우 높은 단색성(單色性)과 강도를 가진 적외선 레이저가 연구용, 공업용, 의료용 적외선원으로 활용되고 있다. 0.83 μm(GaAs 반도체 레이저), 1.3㎛, 1.06㎛(Nd-YAG 레이저), 2.8㎛(HF 레이저), 5㎛(CO 레이저), 10.6㎛(CO$_2$ 레이저), 16㎛(SF$_6$ 레이저)를 방출하는 적외선 레이저를 비롯하여, 수십~수백 ㎛ 원적외선의 발진 파장을 가지는 여러 가지 재료의 레이저가 있다.

여담으로 암시경(暗示鏡) 등의 특수 용도로 사용되는 적외선램프의 경우 필터가 부착되어 있어 적외선만 방출되고 가시광선은 차단되기 때문에 우리 눈으로는 램프가 켜졌는지 안 켜졌는지를 구별할 수 없다. 예를 들어 군사용 적외선램프, 자동문 등의 센서에 달린 적외선 신호 방출기, TV 리모컨에 달린 적외선 신호 방출기, 적외선 송수신기 등에서는 가시광이 전혀 방출되지 않고 적외선만 나온다. 찜질방 등에서 사용하는 적외선램프에서 보이는 새빨간 빛은 그냥 붉은색 가시광선이다. 그렇게 함으로써 실내조명을 할 수 있고, 적외선이 나오고 있다는 적극적 어필(?)을 위해 일부러 그러는 것이다.

전쟁터에서 거의 모든 군용장비는 열을 발산한다. 하다못해 사람만 해도 36.5도 생체난로이니 적외선 탐지기나 열 영상센서에 걸리기 마련이다. 스텔스(stealth)라고 하면 보통 레이더에 대한 스텔스를 떠올리지만, 실제로는 열에 대한 스텔스도 상당히 중요하다. 특히 항공기의 경우에는 레이더 유도 방식의 미사일 못지않게 적외선 유도 방식의 미사일도 큰 위협이다. 또한 일부 전투기들은 적외선으로 적 항공기를 탐지하는 IRST(Infra-Red Searching & Tracking)를 탑재하고 있으므로 전파를 이용하는 레이더에 대한 스텔스만으로는 안심할 수 없다. 항공기에서 발생하는 열은 기수(機首) 부분에서 공기 압축과 공기 마찰 등에 의해 동체 표면에 발생하는 열과 엔진에서 직접 나오는 배기열에 기인한다.

마이크로파(Microwave)

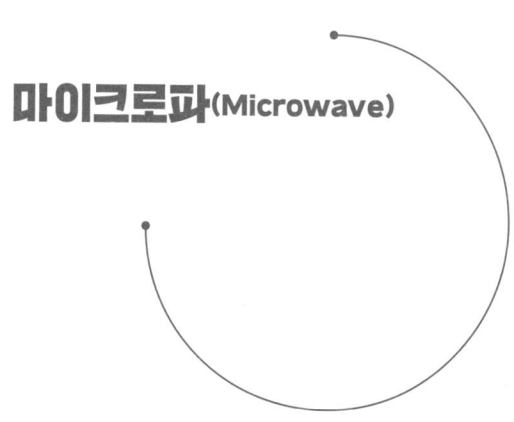

마이크로파는 파장이 라디오파보다 짧고, 적외선(IR)보다 긴 전자기파의 한 종류로, 주파수로 1~330GHz 범위에 있고, 파장으로 1mm~1m 사이의 범위에 있다. 마이크로파의 이름에서 '마이크로(micro)'의 뜻은 파장이 마이크로미터 수준이라는 의미가 아니라, 라디오 방송에 사용되는 전파에 비해 파장이 짧다는 의미로 사용된 것이다. 마이크로파의 파장은 마이크로미터(μm)보다 훨씬 긴 밀리미터(mm) 이상이다. 국제전기통신연합(International Telecommunication Union, ITU)의 정의에 따르면, 마이크로파는 넓은 의미에서 라디오파에 포함된다. 주파수가 300MHz~3GHz인 극초단파(ultra high frequency:

UHF), 3~30GHz 범위의 초고주파(super-high frequency: SHF), 30~300GHz인 극고주파(extremely high frequency: EHF)가 마이크로파에 포함된다. 극고주파(EHF)는 파장이 밀리미터 정도가 되어 밀리미터파라고 불리기도 한다. 마이크로파는 대기에 있는 기체들에 의해 강하게 흡수되기 때문에 수 km 이내의 짧은 거리만을 진행할 수 있다.

레이더(RADAR)는 '라디오파 탐지 및 거리 측정(RAdio Detection And Ranging)'의 줄임말로, 기기에서 발사된 전자기파가 대상에 부딪힌 뒤 되돌아오는 반사파를 측정하여 대상을 탐지하고 그 방향, 거리, 속도 등을 파악하는 정보 시스템을 이른다. 이를 위해 개발된 장비를 줄여서 '레이더'라고 부른다. 대문자로 'RADAR'라 쓰는 것이 맞지만, 현재는 레이저(laser)의 예와 같이 그 자체로 일반명사처럼 쓰이고 있어 'radar'라는 표기가 통용된다. 레이더라는 표현은 영국에서 사용하기 시작했는데, 이전에는 'RDF(radio direction finder)'로 불렸다. 레이더는 여러모로 전쟁의 형태를 바꾼 발명품이다. 그 이전까지는 적의 이동이나 탐지를 전적으로 사람의 감각(시각은 망원경, 소리는 청음기)에 의존해야 했다. 레이더의 존재 덕분에 영국군은 물량의 열세에도 불구하고 나치 독일군을 상대로 영국 본토 항공전에서 승리를 거둘 수 있었고, 독일의 유보트와의 전쟁에서는 수송 선단에 레이더를 배치하여 먼저 유보트를 탐지해내고 능동적으로 대응할 수 있었다. 태평양 전쟁 당시 레이더를 장비한 미국 군함에 비교하여 일본 군함은 레이더 장비가 잘 갖춰지지 않아 일방적 공격을 많이 당했다.

레이더는 햇불과도 같다. 어두운 밤중에 햇불이 주위를 밝게 비추지만, 상대도 저 멀리서 햇불을 들고 있는 우리를 볼 수 있다. 레이더에서 전파를 쏘는데 적이 이 전파를 탐지한다면 아군의 레이더가 작동 중이라는 것을 알리는 꼴이다. 레이더라고 무조건 멀리 있는 물체에 대해 알 수 있는 건 아니다. 기본적으로 지구는 둥글어서 일반적인 레이더라면 지평선 너머에 있는 물체나 중간에 큰 물체가 있어 가려져 있는 대상에 대해서는 알 수 없다. 이 때문에 지상 레이더 사이트들은 산이나 섬 위에 있으며, 배에도 가능하면 높은 곳에 레이더를 장착한다. 비행기 역시 높게 올라갈수록 더 멀리 있는 물체를 탐지할 수 있다. 국토가 크고 군사력이 강한 국가는 OTH(Over The Horizon 초지평선 레이더)라고 불리는 전략무기 탐지용 초장거리 레이더가 있지만, 요즈음은 인공위성을 쏘아 올려 바로 상공에서 레이더를 작동하고 있다.

레이더는 군용뿐 아니라 민간용으로도 이용된다. 기상대에서는 기상 관측에 레이더를 이용한다. 레이더에 반사될 정도면 물방울이나 얼음알갱이가 제법 커야 하고, 그럴수록 비나 눈으로 내릴 가능성이 크므로 눈과 비를 예측하기에 정확한 관측자료가 된다. 민간용 선박과 항공기에도 최소한의 레이더가 장비되어 충돌을 막기 위해 활용되며, 승용차의 고급 옵션 중 레이더를 활용한 것이 있다. 자동문 중에 적외선 송수신 창 없이 매끈한 회색 유닛만 달린 것도 있는데, 이 역시 밀리미터파를 사용한 레이더이다. 사람과 같이 큰 형상일 때만 문을 열어주게 되므로 보안 측면에서 훨씬 우수하다.

> 미묘하고도 미묘하여 모습이 없는 경지에 이르며, 微乎微乎至於無形 (미호미호 지어무형)
>
> 신비하고도 신비하여 소리가 없는 경지에 이른다. 神乎神乎至於無聲 (신호신호 지어무성)
>
> 그러므로 능히 적의 생사를 맡아 다스리게 되는 것이다. 故能爲敵之司命 (고능위적지사명)
>
> —손무(BC 544?~BC 496?), <손자병법>

위 구절은 고대 중국의 탁월한 지략서인 손자병법에 나온다고 한다. 요즘으로 치면 스텔스(stealth) 기능의 필요성과 우수성을 의미한다고 많이 인용되고 있다. 레이더를 회피하려는 시도가 많이 있었다. 미국과 구소련에서 레이더에 잘 잡히지 않도록 RCS(radar cross section: 레이더 반사 면적)의 값을 낮추는 스텔스 기술을 개발하였다. 적의 레이더가 보낸 전파가 우리 항공기나 선박에 반사되어 되돌아가는 전파가 적 레이더 쪽으로 가지 않도록 하는 방법을 쓴다. 주로 전파흡수물질을 사용하여 적 레이더로 돌아가는 전파가 생기지 않도록 하거나, 적 레이더 쪽이 아닌 엉뚱한 방향으로 반사되도록 하는 방법이다. 단순 전파흡수물질 연구에 치중했던 소련과 달리 미국은 형상 스텔스 기술까지 완성해서 스텔스기 형상을 디자인하기에 이른다. 현재는 지상 감시용 레이더의 발달로 지상 장비들에도 이런 전파흡수물질을 칠하거나 형상 스텔스를 도입 중이다. 한편 카운터 스텔스 기술이라고, 스텔스 무장을 한 군용기/선박을 미리 먼 거리에서 탐지하기 위한 기술도 있다. 일반인이 스텔스라는 창과 카운터 스텔스라는 방패 중에 누가 더 강한지를 판단하기는 어렵다.

웬만한 가정에 한 대씩은 있는 전자레인지 즉 마이크로웨이브 오븐(microwave oven)은 레이더 기술개발 중 우연히 발견된 현상을 응용한 것이다. 세계 제2차대전 중에 레이더를 개발하던 미국의 레이시온(Raytheon) 사의 한 연구원이 자기 주머니에 있던 초콜릿 사탕을 오후에 먹으려고 보니 녹아버린 걸 발견하였다. 그 원인을 곰곰이 생각해 보았더니 전자기파를 방출하는 마그네트론 옆에서 자신이 근무 중에 흘러나온 전자기파가 사탕에 쪼였기 때문이라고 밝혀내었다. 이를 활용하여 그 회사는 마이크로웨이브 오븐을 발명하게 되었고, 오늘날에는 주요한 가전제품이 되었다. 이렇게 군사적인 목적으로 개발된 기술이 민수용으로 응용되면 이를 민군겸용기술이라고 부른다.

원자로 구성된 분자는 전자 에너지 준위(electronic energy level)뿐만 아니라 진동 에너지 준위(vibrational energy level)와 회전 에너지 준위(rotational energy level)를 갖고 있다. 앞에서 논의하였거니와 원자 내의 최외각 전자 에너지 준위 사이의 에너지 간격은 몇 eV 정도이며, 이 영역에서 에너지 상태가 바뀜으로써 발생하는 전자기파는 스펙트럼에서 가시광선과 자외선 영역이다. 원자들의 진동 에너지 준위의 간격은 약 0.1 eV로 파장이 1μm~0.1mm에 이르는 적외선 영역이다. 회전 상태들은 1천분의 1eV 정도의 매우 작은 에너지 간격을 가지고 있으며, 이 상태들 사이의 전이로 생기는 전자기파 스펙트럼은 파장이 0.1mm~1cm에 이르는 마이크로파 영역에 있다.

마이크로웨이브 오븐의 동작 원리는 마이크로파의 에너지를 흡수한 물 분자가 회전운동에 그 에너지를 활용한다는 데에 기초를 둔다. 물(H_2O)은 극성분자이다. 큰 산소(O) 원자 하나에 작은 수소(H) 원자 둘이 붙어 있는데, 두 수소 원자가 산소 원자와 180도를 이루며 붙어 있지 않고 120도의 각도를 유지하고 있다. 수소 원자가 있는 쪽의 끝은 양(+)으로 대전(帶電)된 것처럼 행동하고, 산소(O) 원자가 있는 쪽은 음(-)으로 대전되어 있다. 양전하의 중심과 음전하의 중심이 일치하지 않아 전기쌍극자가 형성된다. 물과 같은 극성분자의 경우 입사하는 전자기파의 전기장을 따라서 전기쌍극자가 정렬하게 되는데, 이는 입사하는 전자기파의 에너지를 흡수한다는 의미이다. 회전 에너지 준위 사이의 에너지 차이는 전자기파 스펙트럼에서 마이크로파의 에너지에 해당한다. 즉 마이크로파가 극성분자인 물에 입사하는 경우 에너지가 흡수되어 회전 에너지 준위를 높이게 되어 들뜬상태가 되는데, 곧 원래 바닥 상태로 되돌아오고 그 에너지 차이는 열로 방출된다. 전자레인지에 음식물을 넣고 돌리면 음식이 데워지는 이유는 음식에 있는 물 분자가 방출한 열이 음식물에 축적되기 때문이다. 물의 경우에 약 12.2cm의 파장(주파수는 2.45 GHz)을 갖는 마이크로파에서 강한 흡수를 하는데, 가정용 전자레인지에서 사용되는 전자기파가 여기에 해당한다. 이 주파수 영역은 블루투스가 사용하는 주파수 영역과 겹치는데, 이런 이유로 작동하는 전자레인지 근처에 있는 블루투스 장치가 오작동하는 경우가 생기기도 한다.

마이크로파는 일반 전파보다 주파수가 높으므로 많은 양의 정보를 보낼 수 있어서 다중통신이나 텔레비전방송에 이용된다. 마이크로파는 극초단파나 초고주파보다 더 빠른 데이터 전송 속도를 달성할 수 있다는 이점 때문에 휴대전화에도 사용된다. 요즈음은 휴대전화가 많이 보급되어 이 영역의 전파가 포화상태라고 한다. 아날로그 TV가 없어지면서 방송용으로 사용하던 주파수가 이동통신용으로 할당되었다. 주파수 할당에 대해서는 뒤에 라디오파에서 더 논의한다. 휴대전화를 영어로 cellular phone이라고 한다. 기지국이라고도 하는 전파중계기를 지상에 육각형으로 촘촘히 배치하여야 어디서나 전화 신호가 잘 잡힌다고 한다. 전파중계기의 배치 모양이 생체의 세포(cell) 모양을 닮았다고 해서 휴대전화를 cellular phone이라고 한다.

한때 다음의 가요가 크게 유행하였는데, 요즈음 신세대들은 가사가 이해가 안 된다고 한다. 자기가 약속 장소에 못 가면 휴대전화 문자로 못 간다고 통보하면, 눈 오는데 상대편을 온종일 그렇게 고생시키지 않을 터인데, 정말 매너가 없는 사람이라고 그런다나.

> 안 오는 건지, 못 오는 건지,
> 오지 않는 사람아!
>
> ─진성(1960~) 노래, <안동역에서>(일부)

마이크로파가 이용되는 분야는 다양하다. 특히 일상생활에서 광범위하게 쓰이는 무선 통신에서 극초단파(UHF) 영역의 전자기파가 이용된다. 파장이 언덕이나 건물 등의 방해물의 크기보다 짧아서 직진하는 성질이 강하므로 전송 거리가 가시거리 정도로 제한되지만, 실내에서 벽을 투과하는 성질이 있어서 벽으로 막혀 있는 실내에서도 거리가 멀지 않다면 무선 신호의 통신이 잘 이루어질 수 있다. 흔히 Wi-Fi 라 불리는 무선랜(WLAN: wireless local area network), 블루투스(bluetooth)가 실내에서 잘 작동되는 이유이다. 파장이 1cm~30m인 전자기파는 대기를 잘 투과한다. 따라서 이 파장의 영역에 속하는 마이크로파는 전파천문학이나 우주선, 위성, 레이더 등의 통신 수단으로 쓰이는 데도 유리하다.

불꽃방전을 이용하면 거의 모든 파장의 마이크로파를 발생시킬 수 있으나, 출력이 약하고 불안정하며, 마이크로파를 발생시키려면 특별한 전자관, 클라이스트론, 마그네트론, 메이저 등을 쓰며, 그 전송(傳送)에는 전자나팔이나 파라볼라안테나를 사용하여 날카로운 지향성을 가지게 한다. 파장이 짧으므로 직진성, 반사, 굴절, 간섭 등의 성질은 빛과 비슷하다. 이 성질을 이용하여 탐조등을 비추듯이 한 방향으로 집중된 마이크로파의 빔을 발산하여 항공기나 선박 등의 위치를 알아내는 장치가 레이더이다.

마이크로파는 저주파나 빛에서는 볼 수 없는 물리 효과가 강하게 나타나므로 물질의 성질 연구용으로도 사용되고 있다. 예를 들면 마이크로파를 이용하는 전파분광학에서는 전파의 주파수를 아주 정밀히 측정할 수 있으므로 빛의 분광학에 비해 높은 분해능(分解能)을 얻을 수 있다. 이밖에 원자시계는 원자가 흡수 또는 방출하는 마이크로파의 주파수가 항상 일정하다는 성질을 이용한 것이며, 원자핵 연구에 쓰이는 선형가속기(線型加速器)는 특수한 도파관(導波管) 속의 강력한 마이크로파 전기장이 전자를 가속하여 고에너지의 전자로 만드는 장치이다. 마이크로파 발생장치로부터 도파관을 통해 마이크로파를 유도하여 플라즈마 상태를 조성한 후 메탄(CH_4) 가스로부터 다이아몬드 막을 합성한다는 사실은 앞 책인 '생활과학 에세이 1'의 인조 다이아몬드 편에서 설명하였다. 이 밖에 태양 등 천체로부터 오는 전파를 연구하는 전파천문학에서 마이크로파가 주요 영역으로 되어 있다. 우주에서 방출되는 마이크로파는 은하의 구조 연구에 활용된다. 마이크로파는 인공위성을 통해 기상 정보 및 각종 통신 방송을 여러 지역으로 송수신하는 데에 이용된다. 속도 측정기는 움직이는 물체를 향해 마이크로파를 발사하여 되돌아오는 전파를 측정함으로써 속도를 계산한다.

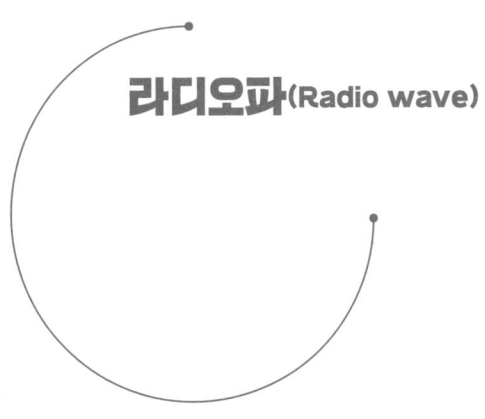

라디오파(Radio wave)

옛날에 우리나라에서는 각 곳에 봉수대를 세워 국가에 변란이 생기면 미리 약속한 신호대로 봉화(烽火)를 올려서 소식을 상부에 보고하였다. 이를 통신이라고 한다. 인류는 통신 방법의 개선을 위해 부단히 노력하였다. 이 중에 획기적인 발명이 전화(telephone)인데 이는 그리스어로 멀다는 뜻의 'tele'와 소리를 뜻하는 'phone'의 합성어이다. television(TV)으로 멀리 있는 영상을, telescope(망원경)로 먼 데 있는 풍경을 볼 수 있고, telecommunication은 먼 데와 통신하는 것이다. 전화는 반드시 전선이 필요하므로 이를 유선통신이라고 부른다. 그러나 최근에 무선 통신 기술이 괄목해지고 무선전화가 일반화됨에 따라 유선

통신 기술은 점차 빛을 잃어가고 있다.

1894년 여름 당시 20세의 이탈리아 청년 마르코니(Guglielmo Marconi, 1874~1937)는 헤르츠(Heinrich R. Hertz, 1857~1894)의 전자기파 발생 실험에 관한 글을 잡지에서 읽고 전선이 없이도 통신을 할 수 있으리라 생각했다. 그는 집에서 무선 전신(無線電信) 실험을 시작하였으며, 3km 거리까지 무선으로 신호를 보낼 수 있는 장치를 개발하였다. 그러나 이탈리아는 직접 고안한 기구는 하나도 없고 남의 기구를 단순히 연결하였다는 이유로 마르코니의 특허 신청을 받아주지 않았다. 그는 어머니의 나라인 영국으로 건너가서 1896년 무선 전신에 관한 영국 특허를 취득하고 런던 체신청에서 최초의 공개실험에 성공하였다.

영국 체신청은 이 무선 통신기술의 가치를 알아차리고 마르코니를 후원하여 '런던 마르코니 무선 전신' 회사를 창립하여 통신 사업을 시작하고, 도버해협에서 영국~프랑스 간의 통신을 실현하였다. 그리고 대서양을 사이에 두고 무선 통신을 실험하였는데 1901년 역사적인 성공을 거두었다. 이것으로 마르코니는 세계적으로 유명한 무선 통신 개발자로 알려지게 되었다. 무선 전신은 해저(海底) 전신 사업계로부터 심한 저항을 받았으나, 이동하는 선박(船舶) 간의 통신에는 그가 발명한 무선 전신이 유일한 방법이었다. 그 외에도 1901년 단일 안테나에 의한 동조식(同調式) 및 다중전신동조(多重電信同調) 방식, 1902년 자기검파기(磁氣檢波器), 1905년 수평 지향성 안테나 등을 발명하였다. 특히 당시에 발명된 진공관의 도움으로 무선 전신의 약한 신호를 증폭할 수 있었기 때문에 무선 전신은 더욱 먼 거리로 송신할 수 있었으며 무선 전신의 발전은 가속화되었다. 그 후 통신거리의 연장, 동조(同調)의 개선 및 공전(空電), 혼신(混信)의 제거에 주력하였다. 마르코니는 1909년 브라운(Karl F. Braun, 1850~1918)과 공동으로 노벨물리학상을 수상하였다. TV CRT(cathode ray tube)의 발명자인 브라운은 반도체를 이용한 무선 수신장치를 발명한 업적을 갖고 있었다.

마르코니는 노벨상 수상 연설에서 당시 300여 개의 상선과 유럽 각국 해군의 주요 전함에 무선 통신이 장착되어 있고, 대서양 횡단 무선 전신 서비스가 공중(公衆)으로 운용되고 있다고 언급하고 있다. 새로운 무선 시스템의 위력은 국제 수사 공조 체제에서 발휘되었는데, 네덜란드에서 범죄 후 캐나다로 도주한 범인을 무선 연락으로 체포하였다고 한다. 1912년 북극해에서 발생한 타이태닉호의 난파 사고도 배의 무선 타전으로 전 세계에 알려지게 되었다. 1974년 그의 업적을 기리기 위해 마르코니 재단이 설립되었고 매년 전기통신 분야에서 훌륭한 업적을 쌓았거나 발명한 사람에게 마르코니 상을 수여하고 있다.

당시에 마르코니의 무선 통신은 1838년에 제안된 모스(Samuel Morse, 1791~1872) 신호밖에 보낼 수 없었다. 많은 발명가가 인간의 목소리와 그 외의 소리를 전파에 싣고 싶다는 꿈에 사로잡혀 여러 가지 노력을 하였다. 이리하여 1906년 증폭회로가 발명되고 미약한 음성신호를 변조하고 복조하는 방법으로 라디오 방송에 성공하였다. 널리 퍼뜨린다는 뜻으로 방송을 broadcast라고 명명하였다. 1920년에 마르코니 회사가 영국에서 라디오 뉴스를 방송하기 시작하였고, 같은 해에 미국에서는 웨스팅하우스(Westinghouse)사가 정규 뉴스 방송을 시작하였다. 급속도로 라디오 방송사업이 성장하여 1922년 미국에서 600여 개의 상업방송국과 백만 명의 청취자가 있었다고 한다. 그 후 방송이 뉴스 제공뿐만 아니라 공중 오락 산업의 형태로 발전하기 시작하였다. 1927년 영국에서 유명한 BBC(British Broadcasting Corporation)가 설립되었다. 소리뿐만 아니라 영상을 전송하는 TV 방송은 1936년 BBC가 첫 방송을 하였고 미국에서는 1939년 RCA(Radio Corporation of America)가 뒤따랐다. TV 수상기의 화질이 좋지 않고 고가이어서 크게 보급되지 못하다가 제2차 세계대전 후 본격적으로 발달하게 되었다.

맥스웰의 무지개 중에서 각 복사선을 구별하여 이름이 붙어 있고, 복사선 스펙트럼은 파장, 에너지, 주파수로 크기 순서대로 각각 나타낼 수 있다. 보통 X선과 감마선은 에너지 단위인 eV로, 자외선, 가시광선, 적외선은 파장의 크기인 nm나 µm로, 마이크로파와 라디오파는 주파수인 kHz나 MHz로 흔히 지칭한다. 통신이나 방송용 전파(電波)는 적외선보다 파장이 긴 전자기파를 말한다. 오늘날 우리는 무수히 많은 방송과 통신 전파 속에 살고 있다. 19세기 후반부터 인간에 의해 수많은 종류의 전파가 만들어져서 사용되고 있다. 인간의 개입이 없는 자연 상태에서도 전파는 존재하는데, 번개에 의해서 생성되기도 하고, 태양이나 다른 항성에서 오는 천체 복사에도 전파가 포함되어 있다. 국제전기통신연합(ITU)의 규칙에서 전파는 3 THz 이하의 주파수를 갖는 전자기파로 정의하며, 이에 해당하는 파장은 1mm 이상이다. 3 Hz의 매우 낮은 주파수를 가진 전자기파도 전파이며, 실제로 잠수함의 통신에서 쓰이기도 한다. 이를 라디오파라 하고 라디오 주파수(radio frequency) 줄여서 RF 전파라고 한다.

서로 방해나 간섭 없이 전파를 유효하게 이용하기 위해 각 지역, 각 나라 별로 특정한 목적에 대하여 사용할 수 있는 전파의 주파수 범위를 할당하는 것을 주파수 할당 혹은 주파수 분배(frequency allocation)라고 하며, 국제 조약에 의해 세계적인 규모로 정해진 할당표가 있고, 전 세계를 3개의 구역으로 나누어서 각 구역 내에서 독자적으로 할당된 할당표가 있다. 대한민국에서 주파수 분배에 관하여는 법률로 정해져 있고 과학기술정보통신부에서 담당한다. 주파수 할당은 사용하고자 하는 기관, 단체, 법인, 개인이 과학기술정보통신부에 용도와 대역에 따라 사용 신청 혹은 승인을 받아야 한다. 주파수를 할당받은 방송사나 통신사는 보통은 정해진 사용료를 정부에 내야 한다. 어떤 주파수 대역에서 특정 출력 이하의 간이소출력 기기의 경우에는 등록 대상이 아니므로 자유롭게 사용할 수 있다. 단 이 경우에도 사용하는 기기의 전자파 적합 인증이 되어 있어야 한다. 주파수 분배는 국가별로 서로 다르다. 예를 들면 대한민국에서 VHF FM 라디오 용도로 88~108MHz까지 할당하는 데 비해 일본은 76~95MHz가 할당되어 있다. 비면허 대역이라고 정부의 사전 허가 없이 사용할 수 있는 주파수 대역이 있다. 허가 없이 개설할 수 있지만 대부분 출력이 낮은 편이다. 그런 예시로 생활 무전기, 무선 전화기, 무선마이크 등이 있다.

앞 절에서 다룬 마이크로파에 속하는 2.4GHz 대역은 전 세계적으로 자유롭게 사용할 수 있고, ISM(Industry-Science-Medical) Band 중 하나에 속한다. ISM Band는 여러 대역에 걸쳐 있는 몇 안 되는 주파수 대역 중 하나로, 산업용, 과학용 혹은 의학용으로 쓰이고, 출력 제한하에서 사전 신고 없이 자유롭게 쓸 수 있다. 문제는 다른 ISM Band는 주파수 대역이 너무 높거나 낮아서 그동안 사용하기 힘들었고, 수많은 무선 장비들이 2.4GHz 대역에 몰려있어서 신호 간섭 및 포화 문제가 일찍부터 발생했다. 나라별로 ISM Band를 사용하는 장비라 할지라도 출력 제한이 서로 다른 경우도 존재하는데, 이미 많은 장비가 사용되고 있어서 단순한 출력 규제만으로는 역부족이다. 블루투스와 Wi-Fi가 2.4GHz 대역을 공유하는데, 기기 간에 간섭을 피하기 위한 기술이 없는 것은 아니지만 전파 간섭을 완전히 피할 수는 없다. 간섭을 피할 목적으로 2.4GHz 이외의 ISM Band를 사용하는 한 가지 사례는 5GHz 기반 Wi-Fi이다.

대한민국의 주파수 할당표는 관련되는 문서를 조회하면 알 수 있다. 주요 대역별로 전파의 주파수와 파장, 그리고 대표적인 사용처를 살펴보면 다음과 같다. 3Hz 미만은 100,000km 이상의 파장을 갖고 인공 및 자연의 전자기파 잡음이다. ELF(Extremely low frequency)는 3~30Hz에 100,000~10,000km로 잠수함의 통신, SLF(Super low frequency)는 30~300Hz에 10,000~1,000km로 잠수함의 통신, ULF(Ultra low frequency)는 300~3,000Hz에 1000~100km로 잠수함의 통신 및 지하 광산 간 통신, VLF(Very low frequency)는 3~30kHz에 100~10km로 9kHz 이하는 미분배, 항법, 시간 동기화, 잠수함의 통신, LF (Low frequency)는 30~300kHz에 10~1km로 항법, 시간 동기화, AM 장파 방송, RFID, 라디오비콘, MF(Medium frequency)는 300~3,000kHz에 1km~100m로 AM 중파방송(526.5~1606.5), 아마추어 무선(1800~1825), HF(High frequency)는 3~30MHz에 100~10m로 단파방송, 생활 무전기, 아마추어 무선(3, 7, 10, 14, 18, 21, 24, 28), RFID, OTH 레이더, VHF(Very high frequency)는 30~300MHz에 10~1m로 FM 방송(88~108), DMB 방송(174~216), 항법(108~118), 항공기의 통신(118~137), 아마추어 무선(144~146), 선박통신(156~163), UHF(Ultra high frequency)는 300~3,000MHz에 1~100mm로 디지털 텔레비전 방송(470~806), RFID(900), 전자레인지(2450), 무선 천문학, 핸드폰(800~900, 1800~2600), Wi-Fi(2400), 블루투스, GPS, 아마추어 무선(430~440), 무선 전화기(1700), 무선 모형(72MHz또는 2.4GHz), SHF(Super high frequency)는 3~30GHz

에 100~10mm로 무선 천문학, Wi-Fi(5), 레이다, 통신위성, 위성방송, 5G, EHF(Extremely high frequency)는 30~300GHz에 10~1mm로 무선 천문학/전파 천문, 인공위성, 5G, 우주 연구, 원격 감지, 밀리미터파 전신 스캐너, 우리나라에서 276GHz 이상은 미분배 상태이다. 우리가 쓰는 휴대전화를 운용하는 이동통신사에 할당된 주파수와 사용처의 자세한 내용은 이동통신 주파수 문서를 조회하면 알 수 있다.

　주파수를 할당받은 방송사는 그 전파를 반송파(carrier wave)로 사용한다. 음성이나 영상신호를 변조(modulation)하여 반송파에 실어서 공중(空中)으로 내보낸다. 변조하는 방법으로 AM(amplitude modulation)과 FM(frequency modulation) 방식이 있다. 옛날에는 우리나라에 라디오 방송도 AM밖에 없었고 FM 라디오 방송은 나중에 생겼다. 예를 들어 현재 수도권 지역에서 KBS1 라디오의 AM 방송은 711kHz, FM 방송은 97.3 MHz의 주파수가 할당되어 있다. 방송에서는 자신의 사용하는 주파수를 수시로 밝혀야 한다. 옛날에는 라디오 방송에서 우리나라에 할당된 국제적인 호출 번호(예: HLKA)도 함께 수시로 불러주었다. 요즘은 통신 방법의 다양화로 '보이는 라디오'라고 해서 휴대전화에서도 라디오 방송을 수신할 수 있다.

라디오나 TV로 전파를 수신하기 위해서는 안테나가 필요하다. 보통 안테나는 수천여 개의 신호를 모두 포착할 수 있어서, 특정 주파수만 골라내어 수신하기 위해서는 튜너(tuner)가 필요하다. 튜너는 대개 공진기를 이용해서 구성된다. 이러한 공진기는 특정 주파수에서 공진하도록 설계되어 있어서 그 주파수의 파를 증폭하고 나머지는 걸러내는 기능을 한다. 영어 방송용어로 'stay tuned'라는 말은 딴 방송국으로 가지 말고 그 주파수의 방송을 계속 수신하라는 말이다. 우리들의 라디오나 TV 수신기에서는 걸러낸 주파수에 실려 온 음성이나 영상신호를 복조(demodulation)하여 우리가 듣거나 볼 수 있게 한다.

Maxwell's Rainbow

3장

꽃들의 향연

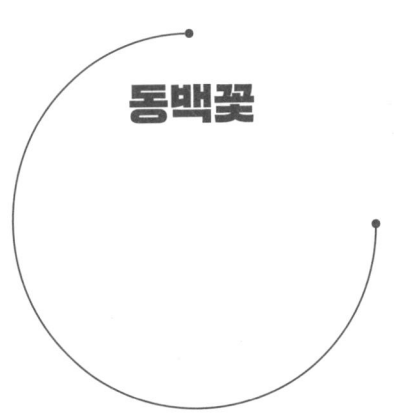

동백꽃

헤일 수 없이, 수많은 밤을
내 가슴 도려내는 아픔에 겨워
얼마나 울었던가, 동백 아가씨.
그리움에 지쳐서 울다 지쳐서
꽃잎은 빨갛게 멍이 들었소.
동백꽃 잎에 새겨진 사연
말 못 할 그 사연을 가슴에 묻고
오늘도 기다리네, 동백 아가씨.
가신님은 그 언제 그 어느 날에
외로운 동백꽃 찾아오려나?

―이미자(1941~) 노래, <동백 아가씨>(1964)

  위 노래는 1963년 당시 동아방송국의 라디오 드라마 <동백 아가씨>를 리메이크하여 1964년 발표된 신성일, 엄앵란 주연의 같은 이름의 영화 주제가라고 한다. 한산도 작사, 백영호 작곡, 이미자 노래로 국내 가요 사상 최초로 가요프로그램에서 35주 동안 연속 1위를 기록하며, 엄청난 음반 판매량을 올리며, 당시 신인이었던 이미자를 인기 가수의 반열에 올려놓은 곡이다. 노래의 곡조가 일본의 엔카와 비슷하다고 한때 금지곡으로 지정되었다. 동백이 일본 꽃이라는 이유로 금지곡이 되었다는 설이 있지만, 동백나무는 서해, 남해, 동해안, 제주도에 널리 자생하고, 고려와 조선 시대에도 우리나라 사람들의 사랑을 받았던 꽃이다. 이 노래에서 동백꽃의 빨간색을 '그리움에 울다 지쳐서 빨갛게 든 멍'에 비유한 게 듣는 사람이나 따라 부르는 사람의 마음을 사로잡지 않았나 싶다. 1987년 민주화 운동을 계기로 이 노래는 금지곡에서 풀리게 된다. 이후 여러 가수가 이 노래를 리메이크하거나 커버하였다.

  동백은 우리 식 한자로 冬柏이라고 쓴다. 동백을 영어로 camellia라고 하는데, 이 식물을 런던에 처음 가지고 간 사람의 라틴어 이름에서 유래한다고 한다. 소설 '몽테크리스토 백작'과 '삼총사'를 쓴 프랑스의 작가 뒤마(Alexandre Dumas, 1802~1870)의 아들인 뒤마 피스(Alexandre Dumas fils, 1824~1895)가 1848년에 발표한 소설로 인하여 이 식물이 인류에게 유명해졌다. 당시 현지에서 소설이 히트 치면서 작가가 희곡으로 개작해 1852년에 초연됐으며, 1853년에는 이탈리아의 작곡가 베르디(Giuseppe Verdi, 1813~1901)에 의하여 오페라 〈라 트라비아타〉로 각색되었다. 그 소설의 원제는 'La Dame aux Camélias'인데, '동백꽃을 들고 있는 여인'으로 번역될 만하다. 그런데 일본인이 이 소설을 번역하면서 소설 제목을 '춘희(椿姬)'라고 했다. 이는 명백한 오역으로, 椿은 우리나라에서는 참죽나무를 뜻하는 글자다. 우리나라에서 동백을 나타내는 한자는 柏(측백나무 백) 자이다. 겨울에 꽃이 피니까 冬柏(동백)이라고 부른다. 일본어로 만든 그 소설의 제목이 우리나라에 그대로 들어와 '춘희'가 되었다. 혹자는 원 뜻을 살려서 '동백 아가씨'라고 불렀다. 그러면서 우리 문화에서 '춘희' 혹은 '동백 아가씨'가 가여운 여인의 이름이나 그 여주인공이 일하는 술집 이름(예를 들어 동백 바)이 되었다.

경칩(驚蟄)인 3월 초순이 되어야 피기 시작하는 다른 꽃과는 다르게 동백나무의 꽃은 특이하게도 경칩이 되기 훨씬 전부터 핀다. 대략 11월 말부터 꽃을 피우기 시작해서 2~3월에 만발하는 편이다. 이 시기에는 곤충이 별로 없어서 수정을 꿀벌 같은 곤충이 아닌 동박새나 직박구리에게 맡기는 조매화(鳥媒花)다. 동백꽃은 향기가 나지 않는다. 새는 향기를 못 맡으니까 향기가 새를 불러오는데 필요하지 않기 때문이다. 꽃 자체가 수려하고 풍경이 황량해지는 겨울에 피기 때문에 인기가 높다. 흰 설경 사이에 빨갛게 피는 모습이 보기 좋다. 동백꽃의 색이 잎사귀 색과 함께 있을 때 가장 돋보이는 색이라 조합이 좋다. 빨간색과 초록색은 보색이니까 그렇다. 동백꽃이 질 때는 꽃잎이 전부 붙은 채 한 송이씩 통째로 떨어지는 특징이 있다. 통째로 떨어지기 때문에, 예로부터 여인이나 선비의 절개와 지조를 상징하였다. 개량종이 무척 많고 색상 분류도 흔히 떠올리는 홍백(紅白)의 동백 말고도 분홍 동백, 줄무늬 동백 등으로 다양하다. 잎사귀가 다른 나무들에 비해 특이한데, 기본적으로 낙엽이 잘 안 지는 상록수 계열이면서 잎이 타원형으로 넓은 편이다. 다른 나무에 비하여 잎이 두껍고 반짝거리며, 어린잎의 경우 특히 연두색이 섞인 맑은 녹색으로 빛난다.

우리나라의 부산, 여수 등 남해안과 제주도에서 동백꽃을 많이 볼 수 있다. 남부지방의 곳곳에 동백에 얽혀 있는 지명이 꽤 많다. '꽃피는 동백섬에 봄이 왔건만'으로 시작되는 인기 대중가요도 있다. 서울 등 중부지방은 추워서 자생하기 힘든 환경이지만, 지구 온난화 때문인지 최근에는 아파트 등 주택가에서 관상용으로 많이 심는다. 동백꽃은 여러 문학이나 예술 작품에서 심심찮게 나오는 소재이다. 김유정의 단편소설의 제목이 '동백꽃'인 이유는 강원도 방언으로 생강나무꽃을 동백꽃이라고 부르는 사실과 연관된다. 한 세기 전에는 동백꽃이 자생하지 않는 강원도 지역에서 꽃의 색과 모양, 나무 형태 등이 전혀 다른 생강나무를 동백이라고 불렀다고 한다. 그 이유는 동백기름을 머리 미용으로 바르던 시절, 비싸고 귀한 동백기름 대용으로 생강나무 씨앗에서 기름을 추출하고 이를 머릿기름으로 사용하면서 동백기름이라고 부른 데에 기인한다고 추정된다.

> 모란이 피기까지는
> 나는 아직 나의 봄을 기다리고 있을 테요.
> 모란이 뚝뚝 떨어져 버린 날
> 나는 비로소 봄을 여읜 설움에 잠길 테요.
> 오월 어느 날 그 하루 무덥던 날
> 떨어져 누운 꽃잎마저 시들어 버리고는
> 천지에 모란은 자취도 없어지고

> 뻗쳐 오르던 내 보람 서운케 무너졌느니
>
> 모란이 지고 말면 그뿐 내 한 해는 다 가고 말아
>
> 삼백예순 날 하냥 섭섭해 웁니다.
>
> 모란이 피기까지는
>
> 나는 아직 기다리고 있을 테요. 찬란한 슬픔의 봄을.
>
> ─김영랑, <모란이 피기까지는>(1934)

동백꽃이 지고 봄이 짙어지는 4~5월이 되면 모란꽃이 핀다. 모란의 본래 우리 한자음은 목단(牧丹)이다. 활음조 현상 때문에 '모란'이라고 읽는다. 모란은 우리나라에선 예부터 부귀의 상징으로 쓰였다. 모란은 커다란 꽃을 피워 화려한 자태를 뽐내는 '꽃 중의 왕'이라고도 불린다. 모란은 흔히 작약과 많이 헷갈린다. 꽃의 생김새와 개화 시기, 전체적인 생김새가 매우 비슷하기 때문이다. 게다가 작약 뿌리에 모란 줄기를 접붙이는 방법이 널리 퍼져 있을 정도로 모란과 작약은 밀접한 관계를 맺고 있다. 모란은 작약과 비슷한 나무라는 뜻으로 '목작약(木芍藥)'이라고도 한다. 작약은 크고 탐스러운 꽃이 함지박처럼 넉넉하다고 해 '함박꽃'이라고도 부른다. 모란의 개화 시기는 4~5월, 작약의 개화 시기는 5~6월이지만, 요즘은 모란과 작약이 동시에 꽃을 피우는 경우도 많다. 모란과 작약은 꽃의 모양이 비슷하고, 개량종도 많아

꽃만으로 구분하기가 쉽지 않다. 모란의 꽃봉오리는 장미처럼 끝이 뾰족하고, 작약 꽃봉오리는 공처럼 둥글다. 모란꽃은 작약 꽃보다 대체로 큰 편이다.

 모란과 작약은 과연 어떤 차이가 있고, 어떻게 구별할 수 있을까? 모란과 작약은 모두 미나리아재비과에 속하는 식물이지만, 모란은 낙엽관목, 작약은 다년생 풀이다. 나무인 모란은 나뭇가지 끝에서 새순이 돋지만, 풀인 작약은 땅속에서 붉은 싹을 틔운다. 나무인 모란과 달리 작약은 알뿌리 한 포기에 여러 개의 줄기가 나와 곧게 서 있는 모습을 하고 있으며, 겨울이 되면 나무인 모란은 잎이 떨어져 가지만 남아 있지만, 풀인 작약은 뿌리만 남고 줄기를 찾아볼 수 없다. 모란은 보통 2~3m 정도까지 자라며, 작약의 키는 60cm 정도다.

 위 시는 김영랑(1903~1950)의 대표적인 서정시로서 원하는 바를 체념하기도 하지만 끝까지 기다려보겠다는 결연한 시인의 의지가 보인다. 화려한 모란꽃은 대엿새 펴있다가 지고 나면 그만이지만, 내년 이맘때에는 다시 화려한 꽃이 핀다는 사실을 염두에 두고 또 기다린다는 의미일 것이다. 아래 노래는 영랑보다 한참 뒤에 나타나 소설가, 시인, 화가, 가수로 활동하며, 우리 시대의 소위 '전방위 예술가'로 불리는 이제하(1937~)가 작사 작곡 노래한 곡으로 가수 조영남(1945~)의 애창곡으로도 유명하다. 동백과 모란을 묶어서 우리 인생을 노래하고 있다.

모란은 벌써 지고 없는데
먼 산에 뻐꾸기 울면
상냥한 얼굴 모란 아가씨
꿈속에 찾아오네.
세상은 바람 불고 고달파라.
나 어느 변방에 떠돌다 떠돌다
어느 나무 그늘에 고요히 고요히 잠든다 해도
또 한 번 모란이 필 때까지 나를 잊지 말아요.

동백은 벌써 지고 없는데
들녘에 눈이 내리면 상냥한 얼굴
동백 아가씨 꿈속에 웃고 오네.
세상은 바람 불고 덧없어라.
나 어느 바다에 떠돌다 떠돌다
어느 모래 벌에 외로이 외로이 잠든다 해도
또 한 번 동백이 필 때까지 나를 잊지 말아요.

> 또 한 번 모란이 필 때까지 나를 잊지 말아요.
>
> ─이제하(1937~) 노래, <모란 동백>(1998)

신라 선덕여왕이 공주 시절 당나라에서 온 모란 그림에 벌과 나비가 없는 것을 보고 향기가 없겠다고 추측했다는 일화가 삼국유사에 나온다. 그림과 동봉된 모란 씨를 심었더니 실제로 향기 없는 꽃이었다고 한다. 옛날에 중국에서는 모란을 그릴 때 나비와 고양이를 함께 그렸는데, 모란은 부귀를 상징하며, 고양이는 모(耄)로 70세를 상징하며, 나비는 질(耋)로 80세를 상징한다. 즉 모란과 나비, 고양이를 함께 그리면 부귀모질이란 뜻이 되어 70~80세가 되도록 부귀를 누린다는 뜻이 되는 것이다. 그림을 그릴 때 고양이를 그릴 수 없으면 나비를 넣을 수 없으므로, 어쩔 수 없이 둘 다 빼고 모란만 그렸다고 알려진다. 흔히 알려진 화투의 6월 그림에서 볼 수 있듯이 일본에서는 한국과는 달리 모란과 나비를 함께 그렸다.

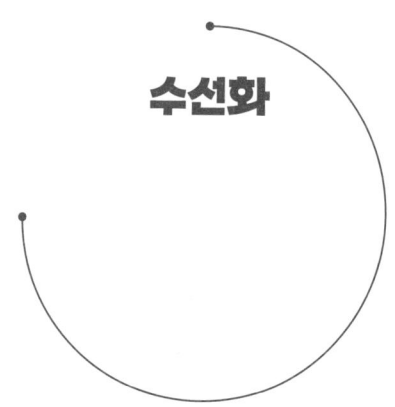

수선화

그대는 차디찬 의지의 날개로

끝없는 고독의 위를 나르는

애달픈 마음,

또한 그리고 그리다가 죽는,

죽었다가 다시 살아 또다시 죽는

가여운 넋은 아닐까.

부칠 곳 없는 정열을

가슴 깊이 감추이고

찬 바람에 빙그레 웃는 적막한 얼굴이여!

그대는 신의 창작집(創作集) 속에서

가장 아름답게 빛나는

불멸의 소곡(小曲),

또한 나의 작은 애인이니

아아, 내 사랑 수선화야!

나도 그대를 따라 저 눈길을 걸으리.

―김동명, <수선화>

위 김동명(1900~1968)의 시 <수선화>는 우리에게 작곡가 김동진(1913~2009)의 가곡으로 널리 알려져 있다. 김동진은 초등학교 시절 김동명 선생의 제자로 평생 시인의 시를 외우고 다녔는데, 어느 날 악상이 떠올라 바로 <수선화>를 작곡하였다고 한다. 가곡 <수선화>는 멜로디가 아름다워 그 선율에 그만 취해버리는데, 소프라노인 여자가수가 부르는 노래가 참 듣기 좋다. 수선화는 많은 라디오나 TV 드라마, 영화, 만화 속에 캐릭터로 쓰여 왔다.

그렇다면 수선화는 어떤 꽃인가? 추위에 강해 가을에 비늘줄기 형태의 구근(球根)을 심으면 땅속에서 겨울을 나고 이른 봄에 꽃을 피운다. 노란색 꽃이 제일 친숙하나 흰색 계통도 있다. 수선화는 한국, 중국, 일본, 지중해 연안에 많이 자생하고 있다고 한다. 영국, 네덜란드에서 화초로 품종개량이 이루어졌고 최근에는 미국에서도 육성되고 있다. 우리나라에는 화단용으로 이용되는 방울수선의 일종인 제주수선이 있다. 제주도에서는 설중화(雪中花)라고도 불린다. 눈이 오는 추운 날씨에도 피어나는 꽃이라는 의미이다. 제주도에선 눈 오는 12월에도 수선화가 피기 때문이다. 조선 후기의 학자인 추사 김정희(1786~1856)가 좋아했다고 하는데 그가 제주로 유배 갔을 때 육지에서 귀한 수선화가 제주도에선 소도 안 먹는 잡초로 널려있는 것을 보고 귀한 것도 제 자리를 찾지 못하면 천대받는다며 놀랐다고 한다. 아마도 제주도에 갇혀버린 자신의 처지를 보는 듯해서 더욱 씁쓸했을 것이다. 조선 시대에는 선비들 사이에 수선화가 인기가 좋아서 중국에서 그 구근(球根)을 수입해 왔다고 한다.

김동명의 원시(原詩)에 '죽었다가 다시 살아 또다시 죽는'이란 구절이 나와 수선화의 특징을 잘 묘사하고 있고, 마지막 구절 '그대를 따라 저 눈길을 걸으리'에서는 추운 겨울을 나는 수선화가 마음에 와닿는다. 한자어로 수선화(水仙花)는 물속에 있는 신선이라는 뜻일 것이다. 수선이라는 이름처럼 자라는 데 물이 많이 필요로 한다. 수선화가 영어로는 Daffodils로 알려져 있는데, 그리스 신화에 나오는 청년의 이름에서 유래하여 나르키수스

(Narcissus)라고도 부른다. 신화에 따르면 나르시스라는 청년이 연못 속에 비친 자신의 얼굴에 반하여 물속으로 들어가 빠져 죽었는데, 그곳에 수선화가 피었다고 한다. 이러한 내용에 유래하여 수선화의 꽃말은 자기애(自己愛), 자존심, 고결, 신비, 외로움이다. 나르시시즘이란 정신분석학 용어도 여기서 생겨났다.

누구나 제멋에 겨워 산다. 공자(孔子, BC 551~ BC 479)는 논어(論語) 위정(爲政) 편에서 '七十而從心所欲(칠십이종심소욕)하되 不踰矩(불유구)'라고 하였다. 자신의 경험으로 보면, '일흔 살에 마음에 하고자 하는 바를 따라도 법도를 넘지 않았다'라는 의미이다. 흔히들 사람의 나이 40세를 불혹(不惑), 50세를 지천명(知天命), 60세를 이순(耳順)이라고 일컫는데, 다 같은 책의 공자 말씀에서 나왔다. 그 옛날 71세 조금 넘게 산 공자님의 경험담이다. 그러나 보통 사람은 어느 정도 나이가 들면, 자기애랄까 고집이 생겨서 자기 생각을 쉽게 바꾸려고 하지 않는다. 그러다 보니 사람은 나이 들어 살아가면서 외로움을 느낀다. 우리 시대의 시인 정호승(1950~)은 다음과 같이 읊었다. 시인의 말대로 인생을 살아간다는 건 외로움을 견딘다는 말일 것이다.

울지 마라.

외로우니까 사람이다.

살아간다는 것은 외로움을 견디는 일이다.

―정호승, <수선화에게> 중에서

영국의 계관 시인 워즈워스(William Wordsworth, 1770~1850)도 수선화를 가지고 다음과 같은 서정시를 남겼다. I wandered lonely as a cloud로 시작되는 이 시는 구름처럼 외롭게 걷다가 발견한 수선화 무더기로 인하여 시인의 마음이 춤추듯이 기쁨으로 가득하게 된다는 내용이다.

골짜기와 언덕 높이 떠도는

구름처럼 나는 외롭게 거닐었네.

돌연, 나는 한 무더기의

많은 황금빛 수선화를 보았네.

호수 옆에서, 나무들 밑에서,

산들바람 속에서 흔들리며 춤추고 있었네.

I wandered lonely as a cloud

That floats on high o'er vales and hills,

When all at once I saw a crowd,

A host, of golden daffodils;

Beside the lake, beneath the trees,

Fluttering and dancing in the breeze.

―워즈워스, <수선화(Daffodils)> 중에서

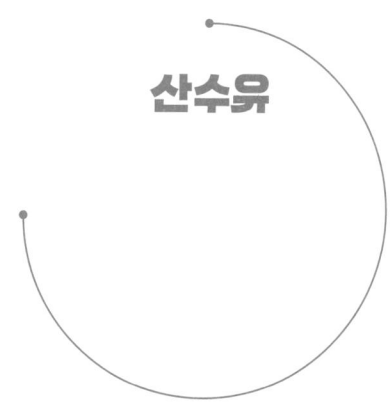

산수유

추웠던 한겨울이 지나고 따사로운 봄바람이 불면, 우리 주위에서 제일 먼저 나무에서 피는 꽃이 산수유꽃이다. 산수유(山茱萸)라는 이름 뒤에 있는 두 한자는 어려운 말로서 이 나무의 열매를 표현할 때 특별히 쓰는 것 같다. 나무의 가지마다 다닥다닥 조그맣게 노랗게 피는 꽃이 참 신기하다. 이 꽃의 꽃말이 '영원불변'이라고 한다. 나무가 장수하고 해마다 봄 되면 꽃이 피니까 과히 영원불변이라고 해도 될 것이다. 산수유는 장수와 용기를 상징한다고 한다. 이 꽃의 선명한 노란색은 충성심과 순결함을 상징한다는 말도 있다. 요즈음은 밝은 노란색과 향기로운 향기로 인해 꽃꽂이용으로 인기를 끌고 있다. 산수유의 다섯 꽃잎은 부귀, 건강, 장수, 덕, 활력의 다섯 가지 축복을 상징한다고 한다.

산수유는 우리나라 토종이 아니고, 열매를 약재로 쓰기 위해 중국에서 도입한 외래종이다. 주로 동네 빈터나 길옆에 심어 길렀다. 전라남도 구례군, 경기도 양평군, 경상북도 의성군 등 산수유 군락지인 일명 '산수유 마을'에서는 봄이 오면 노란 산수유 꽃이 지천으로 피어있어서 '산수유 축제'라는 이름으로 상춘객들을 불러 모은다. 산수유처럼 요란스럽지는 않더라도 봄이 오면 산골짜기마다 노랗게 피어 봄소식을 전하는 나무가 있으니 그것이 바로 '생강나무'이다. 앞의 '동백꽃' 편에서 소개한 대로 김유정의 소설에 '동백꽃'이라고 있다. 이는 강원도 지방에서 '생강나무' 열매로 짠 기름이 여인네들의 머릿결을 가꾸는 데 쓰이는 남도의 동백기름과 같은 역할을 한다고 해서 '생강나무'를 '동백나무'라고 한 데서 비롯된 것이다.

그렇다면 산수유와 생강나무는 어떤 차이가 있을까? 두 나무는 구별이 쉽지 않을 만큼 노란 꽃을 초봄에 피운다는 공통점이 있지만, 식물학적으로 산수유는 '층층나무과', 생강나무는 '녹나무과'에 속한다. 산수유는 산이나 들 혹은 마을 어디에서나 흔히 볼 수 있으나, 생강나무는 산지의 계곡이나 숲속의 냇가에서 자생한다. 두 나무의 정체를 자세히 파악하려면, 찬찬히 꽃송이들을 들여다보아야 한다. 꽃자루가 길게 뻗어 나와 그 끝에 봉오리가 맺혀 있으면서 꽃자루 부분이 온통 노란색이면 산수유이고, 꽃자루 부분이 짧아 가지에 덕지덕지 붙어 있고 꽃자루 부분 또한 푸르스름한 녹색을 띠고 있으면 생강나무이다. 새로 난 가지를 잘라서 냄새를 맡으면 생강 냄새가 남으로 생강나무라고 한다.

이른 봄에 나뭇가지에서 노랗게 움이 튼 꽃은 곧 열매를 맺는다. 파란 잎이 돋아나고 기온이 올라가면 공기 중의 이산화탄소와 뿌리로부터 빨아올린 물을 가지고 잎에 있는 엽록소에서 광합성을 하여 영양분을 잎에 공급하고 나무를 자라게 한다. 또한 그 영양분이 열매에도 공급되어 열매가 자란다. 산수유나무 열매는 길쭉한데, 보통의 열매처럼 여름에는 파랗고 가을에 붉게 익는다. 생강나무 열매는 둥글고 검붉게 익는다. 둘 다 꽃은 관상용이고, 열매로 기름을 짠다. 산수유 열매로 씨를 발라내고 햇볕에 말린 과육을 생약명으로 석조(石棗), 촉조(蜀棗), 육조(肉棗)라고 한다. 이것을 빻아 가루로 직접 복용하기도 하고 설탕과 함께 소주에 담가 술을 만들어 먹거나 물에 달여 차로 마신다. 한방에서는 두통이나 이명, 해수병, 해열 등에 약재로 쓰며 민간에서는 식은땀, 야뇨증 치료 등에 쓴다. 생강나무 껍질은 한약재로 쓰는데, 타박상의 어혈과 산후에 몸이 붓고 팔다리가 아픈 증세에 효과가 있다고 한다.

산수유나무 열매는 귀중한 한약재인데 일부 산간마을에서 중요한 소득원이었다. 가을에 빨간 열매를 따서 밤새도록 여인들이 입으로 씨를 발라내고 모은 과육을 팔아서 자식 교육과 가계 유지에 효율적으로 사용하였다. 따지 못한 열매는 겨울에 새들의 먹이가 되었다. 오늘날에는 일손도 부족하고 경제성이 맞지 않아 산수유 열매를 그대로 두어 가을부터 겨울 사이에 땅에 떨어져서 새봄이 되면 산수유나무 밑에 마른 열매가 수북이 쌓여 있다. 산수유는 꽃을 보기 어려운 때에 노란 꽃망울을 일찍 터뜨려 봄이 왔음을 알려 줄 뿐 아니라 흰 눈으로 뒤덮인 삭막한 겨울철엔 빨간 열매를 주렁주렁 달고 있는 정경이 아름다워 요즈음 공원이나 정원의 조경수로 각광(脚光) 받고 있다.

어두운 방 안엔
바알간 숯불이 피고,

외로이 늙으신 할머니가

애처로이 잦아드는 어린 목숨을 지키고 계시었다.

이윽고 눈 속을
아버지가 약(藥)을 가지고 돌아오시었다.

아, 아버지가 눈을 헤치고 따오신
그 붉은 산수유 열매―

나는 한 마리 어린 짐승,
젊은 아버지의 서느런 옷자락에
열(熱)로 상기한 볼을 말없이 부비는 것이었다.

이따금 뒷문을 눈이 치고 있었다.
그날 밤이 어쩌면 성탄제(聖誕祭)의 밤이었을지도 모른다.

어느새 나도
그때의 아버지만큼 나이를 먹었다.

옛것이라곤 거의 찾아볼 길 없는
성탄제 가까운 거리에는,

이제 소리 없이 반가운 그 옛날의 것이 내리는데

서러운 서른 살 나의 이마에
불현듯 아버지의 서느런 옷자락을 느끼는 것은,

눈 속에 따오신 산수유 붉은 알알이
아직도 내 혈액 속에 녹아 흐르는 까닭인가.
—김종길, <성탄제>

이 시는 김종길(1926~2017) 시인의 대표작으로 열병에 시달리는 아들을 위해 눈 속을 헤치고 붉은 산수유 열매를 구해 오신 아버지의 뜨거운 사랑을 나이 들어 기억하는 시인의 마음을 표출하고 있다. 어렸을 적에 기억된 단상이 지금은 안 계신 아버지에 대한 그리움을 더해 간다. 마지막 연의 시구(詩句)에서 아버지의 애틋한 정이 실감 나게 다가온다.

경상북도 안동 출신으로 본명이 김치규(金致逵)인 김종길 시인은 영문학자이면서 고전적 소양에 근원을 둔 시인 혹은 시론가로 균형감각을 지니고 있다고 평가받고 있다. 1947년 경향신문 신춘문예에 <성탄제>를 발표하여 시인으로 등단했고, 국내에서 처음으로 미국 출생 영국 시인인 엘리엇(Thomas S. Eliot, 1888~1965)의 〈황무지〉를 스승과 함께 번역했다고 한다. 시인은 〈20세기 영시선〉 등을 한국어로 번역해 현대 영미시와 시론을 국내에 소개했고, 김춘수의 시와 한시(漢詩)를 영어로 번역하여 한국의 시를 영미권에 알리는 역할을 했다. 시 창작에 엄격한 기준을 가진 김종길 시인은 일 년에 두세 편을 쓸 정도로 과작(寡作)으로 알려져 있다.

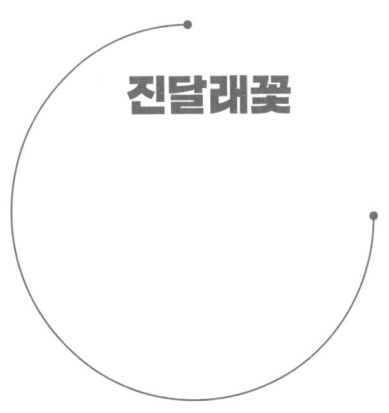

진달래꽃

　진달래는 봄이 되면 전국의 산골짜기를 온통 분홍색 계통으로 물들이는 꽃이다. 진달래는 오랜 세월을 두고 우리 겨레와 애환을 함께 해 온 꽃이다. 그런데 왜 진달래일까? '달래'는 분명 작은 풀인데 왜 '진짜 달래'라고 하는 걸까? 한동안 이런 의문이 들었다. 진달래의 어원은 확실하지는 않지만, 옛날 말로 '진달위' 비슷하게 불렀다고 한다. 진달래는 두견새가 울 때 핀다고 두견화(杜鵑花)라고도 하며 참꽃이라고도 부른다. 요즘은 산에서 자생한 나무 말고도 인위적으로 화단이나 축대 위에 가꿔 놓은 진달래가 많다. 어린 시절에 여린 모습의 애들을 친구들이 진달래라는 별명으로 놀린 사실을 기억하는 어른도 있다.

　진달래꽃이 희면 영산백(映山白), 자줏빛이면 영산자(映山紫), 붉으면 영산홍(映山紅)이라고 불렀다. 진달래와 비슷한 꽃으로 철쭉이 있다. '달래, 냉이, 씀바귀 모두' 캐서 된장찌개 끓여 먹고 나서 진달래꽃이 지고 나면 철쭉이 고개를 내민다. 진달래는 잎보다 꽃이 먼저 가지에서 나오지만, 철쭉은 잎이 나온 뒤에 꽃이 탐스럽게 핀다. 그새 알이 굵어진 달래를 넣고 달래전을 부쳐 먹을 때, 진달래는 꽃 그대로 입에 넣어 먹거나 진달래꽃을 넣어 부친 화전을 먹기도 하지만, 철쭉꽃은 화려해 보여도 절대로 먹으면 안 된다고 옛날에 어른들이 말씀하셨다. 진달래와 비슷하지만, 철쭉은 꽃잎에 주름이 잡혀 있으며 엷은 자줏빛에 검은 점이 박혀 있다. 진달래꽃을 참꽃이라 한 데 대해 철쭉꽃은 개꽃이라고 불렀다. 꽃의 생김새로 보아서는 철쭉 쪽이 더 탐스러운 꽃인데도 거기에다 굳이 '개' 자를 붙인 것은 진달래는 먹을 수 있고 철쭉은 먹을 수 없다는 데서 참꽃과 개꽃으로 구별하여 부른 것 같다.

진달래 가운데 하얀빛이 도는 연한 진달래를 '연달래'라고 하고 자줏빛 도는 진한 진달래를 '난달래'라고 한다. 조금은 민감한 비속어가 되겠지만, 옛말에 젖꼭지가 연하게 붉은 앳된 사춘기 처녀를 '연달래', 젖꼭지가 진하게 붉어 오른 성숙한 아가씨를 '진달래', 젖꼭지가 난초 빛깔로 검붉어 오른 젖먹이 여인을 '난달래'라고 했다는 얘기가 있다. 옛날에는 여인의 젖가슴을 대수

롭지 않게 보았던 것 같다. 개화기에 외국인이 찍은 사진을 보면 우리 여인네들이 젖가슴을 내놓고 있는 모습이 많다. 아이를 열 명 내외로 낳아 키우는 게 보통이었으므로 수유의 편의를 위해 여인이 저고리 밑으로 젖가슴을 내놓는 것을 사회적으로 허용했던 것 같다. 진달래는 우리나라에서 흔한 꽃이고 우리나라 여인들이 좋아했던 꽃은 철쭉꽃이 아니라 진달래꽃이었으며, 진달래꽃을 꺾어 머리에 꽂거나 꽃병에 꽂지만, 철쭉꽃은 좀처럼 그런 일이 없었다고 한다.

영어로 진달래를 뭐라 하는지 궁금했던 때가 있었다. 영어 사전을 찾아보면 진달래는 azalea라고 나온다. 아래의 김소월의 유명한 시 진달래꽃도 제목을 영어로 그렇게 번역했다. 그러나 서양의 아젤리아는 진달래와 비슷하지만 다르고 지금은 오히려 우리나라에 아젤리아 꽃이 수입되어 판매되고 있다는 얘기를 들었다. 아래의 시에서 느낄 수 있지만, 소월이 느낀 진달래꽃의 이미지는 조금 부정적이다. 사랑했던 사람과 이별할 때 느끼는 심정은 원망이나 복수심이 더 우세한 감정처럼 보인다. 그 원망이 너무나 사랑했기에 나오는 숭고한 사랑인 줄은 몰라도.

나 보기가 역겨워 가실 때에는

말없이 고이 보내 드리오리다.

영변에 약산, 진달래꽃

아름 따다 가실 길에 뿌리오리다.

가시는 걸음, 놓인 그 꽃을

사뿐히 즈려밟고 가시옵소서.

나 보기가 역겨워 가실 때에는

죽어도 아니 눈물 흘리오리다.

―김소월, <진달래꽃>

    시인 김소월(金素月, 1902-1934)은 평북 구성에서 출생하였고 본명은 정식(廷湜)이다. 18세인 1920년에 시인으로 등단했다. 일본 유학 중 관동대지진으로 도쿄 상과대학을 중단했다. 귀국하여 고향에서 조부의 광산 경영을 도왔으나 망하고, 동아일보 지국을 열었으나 당시 대중들의 무관심과 일제의 방해 등이 겹쳐 문을 닫았고, 이후 김소월은 극도의 빈곤에 시달리며 술에 의지하다 1934년 뇌출혈로 세상을 떠났다. 유서나 유언은 없었으나 아내에게 죽기 이틀 전에 '세상은 참 살기 힘든 것 같구려.'라고 말했다고 한다. 소월은 32세의 짧은 생을 살면서 시작(詩作) 활동을 하고 '한(恨)'을 여성적 감성으로 노래한 주옥같은 서정시를 많이 남겼다. 대표작으로 지금은 국민의 애송시가 된 '진달래꽃'과

'산유화'가 있다.

산에는 꽃 피네.

꽃이 피네.

갈 봄 여름 없이

꽃이 피네.

산에

산에

피는 꽃은

저만치 혼자서 피어있네.

산에서 우는 작은 새여,

꽃이 좋아

산에서

사노라네.

산에는 꽃 지네.

꽃이 지네.

갈 봄 여름 없이

꽃이 지네.

―김소월, <산유화>

　이 시는 1925년에 김소월이 발표한 시이다. 산유화(山有花)를 꽃 이름으로 착각하는 사람도 있는데, 그런 이름의 꽃은 없고, 산에 피어있는 꽃이라는 의미이다. 총 4연으로 구성된 이 작품에서 꽃이 홀로 외롭게 피고 지는 존재로 형상화되어 있다. 산에는 꽃이 필 뿐만 아니라, 꽃이 지기도 한다. 이 내용이 일견 평범하게 보일 수도 있겠으나 우주 속에 처음도 끝도 없이 생멸하고 변화하는 존재의 실상을 날카롭게 포착하고 있다. 그리고 산은 이러한 존재가 순환되지만, 근원적 고독감이 발견되는 공간이다. 작가는 계절의 변화에 따라 꽃이 피고 지는 일상적 자연현상에서 착안하여 존재의 근원적 고독을 다루고 있다. 이 시에서 '꽃'이 존재라면 우리는 그 존재를 '저만치' 봐야 한다. 대상과 너무 가까이 있으면 그 대상이 전부인 것으로 착각하고 그 속성을 제대로 파악할 수 없다. 조금 떨어져서 객관적으로 상대를 인식해야 비로소 대상에 대한 이해와 사랑이 시작된다. 김소월 시의 대부분이 그렇듯이 운율에 맞춰 노래로 만들기 좋기 때문인지 여러 버전으로 곡이 붙어 있다. 산유화는 김성태(1910~2012)가 곡을 붙였다.

목련꽃

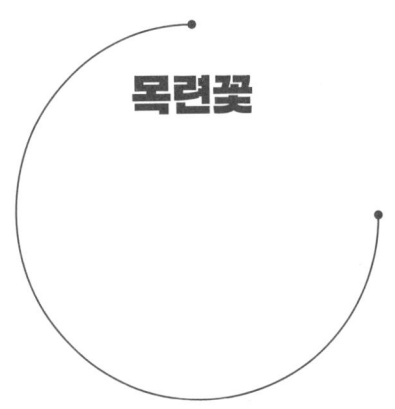

목련꽃 그늘 아래서 베르테르의 편질 읽노라.

구름 꽃 피는 언덕에서 피리를 부노라.

아 멀리 떠나와 이름 없는 항구에서 배를 타노라.

목련꽃 그늘 아래서 긴 사연의 편질 쓰노라.

클로버 피는 언덕에서 휘파람을 부노라.

아 멀리 떠나와 깊은 산골 나무 아래서 별을 보노라.

(후렴)

돌아온 사월은 생명의 등불을 밝혀 든다.

빛나는 꿈의 계절아, 눈물 어린 무지개 계절아.

―박목월, <사월의 노래>

위 〈4월의 노래〉는 박목월(1915~1978)의 시에 우리나라 최초의 여성 작곡가인 김순애(1920~2007)가 곡을 붙인 서정적이고 낭만적인 가곡이다. 이 노래는 작곡가 김순애가 6·25 피난살이에서 갓 돌아온 뒤인 1953년 잡지 「학생계」의 재창간을 기념해 의뢰를 받고 작곡했다고 알려져 있다. 후렴 가사 '돌아온 사월은 생명의 등불을'에서 부점(附點)을 사용한 리듬과 긴 음표를 반복하여 강한 효과를 나타내고 있다. 필자가 고등학교 학생 시절인 1960~70년대에 음악 교과서에 실려 있어서 즐겨 불렀던 노래이다.

아파트 단지나 학교 교정에 흔히 외롭게 서 있는 목련 나무는 키가 4~5m이고 봄에 잎이 돋기 전에 크고 향기 있는 큰 종 모양의 꽃이 핀다. 목련꽃을 한자 말로 보면 나무에서 피는 연꽃이 되겠다. 보통 흰 꽃이 피는데 이를 백목련(白木蓮)이라고 하고, 가끔 보라색이 도는 꽃을 피우는 목련 나무를 볼 수 있는데 이를 자목련(紫木蓮)이라고 부른다. 진달래, 개나리가 필 무렵에 앞서거니 뒤서거니 해서 목련꽃이 피는데, 보통 봄비가 오면 커다란

종 모양의 꽃이 땅바닥에 떨어진다. 선선한 바람이 불고 목련꽃이 피면 완연한 봄이 되었음을 느낀다. 봄은 새로운 생명의 등불을 밝혀 드는 계절이고, 우리는 무지개 꿈을 꾸게 된다. 목련꽃이 여기저기 떨어져 있는 목련 나무 밑에서 베르테르의 편지를 읽고 있는 화자는 소설 〈젊은 베르테르의 슬픔〉을 열심히 읽고 있나 봅니다.

베르테르는 독일의 대문호(大文豪) 괴테(Johann Wolfgang von Goethe, 1749~1832)가 젊은 시절에 쓴 소설 〈젊은 베르테르의 슬픔〉(1774)의 남자주인공 이름이다. 주인공은 이미 약혼자가 있는 로테(Lotte)를 알게 되어 사랑에 빠진다. 로테 또한 베르테르를 존경하며 따르지만, 어디까지나 친구로서 대하는 것이지 사랑하는 것은 아니었다. 로테가 결혼하자 베르테르는 슬픔에 빠져 권총으로 자살한다는 줄거리이다. 소설은 주인공이 남자친구에게 보내는 편지 형식으로 되어 있는데, 제목은 독일어로 'Die Leiden des jungen Werthers', 영어로 옮기면, 'The Sorrows of Young Werther'이다. 그 아가씨의 본명은 샤를로테이지만, 보통 애칭으로 로테라고 부른다. 우리나라와 일본에서 활동하는 기업 롯데 그룹의 이름도 이 아가씨의 이름에서 따온 것이다.

주인공의 이름 '베르테르'는 독일어 발음으로 베르터(Werther)가 맞는데 일본어 번역 소설을 중역하는 풍조가 만연했던 과거에 일본어 표기에서 영향을 받은 것이다. 한국 학계에서도 원어 발음이 아니라는 것을 알고 있지만 한번 굳어진 것은 고치기 어렵다고 그대로 두고 있다. 한때 일부 출판사에서 이를 바로 잡아 보겠다고 '젊은 베르터의 고통', '젊은 베르터의 고뇌'라는 제목으로 번역 출간했으나 대세를 바꿀 수는 없었다. 여기서 제목에 슬픔이 아니라 고통 혹은 고뇌가 들어간 이유는 독일어 원제 중 die Leiden(das Leid의 복수형)의 뜻이 고통이나 괴로움, 고뇌에 가깝기 때문이다.

괴테는 독일 문학의 최고봉을 상징하는 '거인'이라는 표현이 어울린다. 이 세상에 83년 있는 동안에 괴테는 〈젊은 베르테르의 슬픔〉 같은 베스트셀러(bestseller)뿐만 아니라 〈파우스트〉 같은 대작에 이르는 폭넓은 작품을 내놓았다. 한때 유럽을 들었다 놓았다 했던 프랑스의 나폴레옹(Napoléon Bonaparte, 1769~1821)은 1808년 괴테를 만난 자리에서 "여기도 사람이 있군."이라는 묘한 말을 남겼다고 한다. 당대 최고의 영웅으로 칭송되던 나폴레옹이 괴테를 인물로 인정했다는 얘기이다.

괴테는 1810년에 펴낸 〈색채론〉이라는 책에서 색의 인식은 과학적인 현상이 아닌 주관적인 해석이라고 주장하였다. 영국의 뉴턴(1642~1727)이 1704년 〈광학〉이란 저서에서 주장하는 빛과 색에 관한 과학적인 이론에 대하여 괴테는 심리학적인 혹은 철학적인 이론을 제기하였다. 괴테의 주장에 따르면 색은 빛의 물리적 현상과 우리의 인식 기관이 상호작용한 결과이다. 그런 관점에서 그는 색의 스펙트럼을 두 종류로 나누었다. 생명을 강화하는 플러스 색깔과 불안을 조장하는 마이너스 색깔이 있다고 주장하였다. 전자는 빨간색, 노란색 계통이고 후자는 녹색, 청색, 보라색을 의미한다. 색깔의 시각 인식의 주관적인 요소를 강조한 괴테의 주장은 그 뒤 미술 사조에 큰 영향을 미쳤다. 이로부터 회화, 염색 등의 분야에서 배색에 관한 여러 이론이 생겨났다. 오늘날 우리는 뉴턴이나 괴테보다 더 복잡한 시선으로 세상을 보고 느낀다.

> 봄의 교향악이 울려 퍼지는
> 청라언덕 위에 백합 필 직에
> 나는 흰 나리꽃 향내 맡으며
> 너를 위해 노래, 노래 부른다.
> 청라언덕과 같은 내 맘에

백합 같은 내 동무야

네가 내게서 피어날 적에

모든 슬픔이 사라진다.

―이은상, <동무 생각>

  옛날에 학창 시절에 음악 교과서에 나오고, 즐겨 불렀던 노래 중에 '동무 생각'이 있다. 이은상(李殷相, 1903~1982)의 시 제목은 원래 '사우(思友)'였으나 뒤에 제목을 쉽게 풀어쓰느라고 '동무 생각'으로 바뀌었다고 한다. 작곡자 박태준(朴泰俊, 1900~1986)이 숭실전문학교 재학 때인 1925년에 특별한 음악적 전문 지식 없이 작곡한 곡이라고 한다. 우리나라 초창기의 가곡으로 찬송가의 영향을 받은 것으로 보이는데 이 노래는 작곡되자마자 널리 퍼져 삽시간에 젊은이들의 애창곡이 되었다고 한다. 전반부의 전형적인 동요풍에서 후반부의 변박자에 이르러서 감정을 격화시키는 효과가 있다.

  이 노래에 청라언덕과 흰나리꽃(백합)이 나온다. 청라언덕이면 녹색 풀이나 나무들이 있는 언덕을 그렇게 불렀을 터인데, 우리 말에는 청록색맹이 있어 청색과 녹색을 언어적으로 구분하지 않고 있는데 맑은 청색 하늘 아래 펼쳐진 녹색의 물결을 높게 산

것처럼 보인다. 요즘 한글 표현으로 치면 '녹색언덕'일 터이다. 대구에 청라언덕이란 지명이 있다고 한다. 옛날에 서양 선교사의 사택이 있던 곳인데 수목이 수려한 모양이다. 서울에도 용산구에 청파동(靑坡洞), 중구에 청구동(靑丘洞)이 있다. 그 지역에 푸른 산의 언저리에 언덕이나 구릉이 있어서 그렇게 붙인 이름 같다. 백합(百合)꽃은 희다. 백합 계통의 꽃을 우리말로 '나리'라고 부른다. 수목의 푸른(녹)색과 백합꽃, 혹은 목련의 흰색이 화려하게 어우러진 봄 풍경을 두 노래, 〈4월의 노래〉와 〈동무 생각〉은 노래하고 있다.

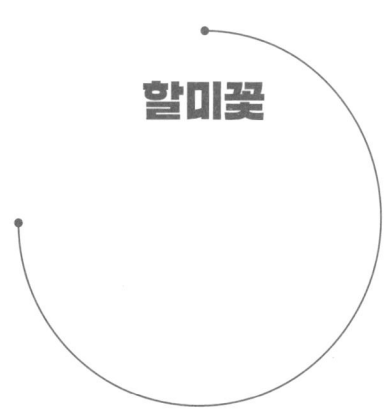

할미꽃

파란 하늘 뭉게구름

살며시 밀어내고

햇볕 한 줌

따숩게 내려오던 날

양지 녘 무덤가에 할미꽃이

빨간 저고리 곱게 차려입고

예쁘게 웃고 있다

나 어릴 때

할머니가 저렇게나

곱고 예쁘게 웃으셨다

뻐꾸기 봄노래 부르고

봄바람 살랑살랑 불던 날

양지 녘 무덤가에 할미꽃이

빨간 립스틱 짙게 바르고

수줍게 웃고 있다.

나 어릴 때

할머니가 저렇게나

아름답고 예쁘게 웃으셨다.

—이종수, <할미꽃>

 위 시는 한국문인협회 당진지부장인 시인 이종수(1958~)의 <할미꽃>이란 시이다. 할미꽃은 30~40cm까지 자라는 여러해살이풀이다. 동강할미꽃이라는 종은 미선나무와 함께 우리나라에서만 볼 수 있는 한국 특산종의 하나로 환경부에서 보호종으로 관리하고 있다. 우리의 산과 들, 전야의 양지쪽 풀밭에서 잘 자란다. 특히 산소 근처의 잔디 속에서 많이 보이는데, 보통 양지녘에 산소가 자리 잡고 벌초를 자주 해주는 환경이 할미꽃이 자라기에 이상적인 장소를 제공해주는 듯하다. 4~5월에 뿌리에서 꽃줄기가 나오며 꽃봉오리가 열리면서 점차 아래로 굽어지는 모양이 나오는데, 솜털과 함께 허리가 굽고 머리가 하얀 할머니의 모습을 연상하여 할미꽃이라는 이름이 붙여졌다고 한다. 꽃이나 열매를 덮고 있는 하얀 솜털이 할머니의 흰머리처럼 보이는 점도 할미꽃이라는 이름이 붙여지는 데 한몫을 하지 않았나 싶다. 꽃의 분위기는 화사함과는 거리가 멀며 다소 소박하다.

보통 문중에서는 4월 초 청명, 한식 때에 산소 정비 작업을 공동으로 하는데, 이때 산소 주위를 살피면 할미꽃을 발견할 수 있다. 시인 이종수가 선산 산소에 올랐다가 발견한 할미꽃을 직접 사진으로 찍고 위의 시를 지었다고 한다. 시는 어렸을 때 본 자신의 할머니를 추억하는 내용으로 되어 있다.

흰 솜털이 할머니를 연상시킨다면, 할미꽃 하면 연상되는 색깔은 보라색이다. 그 색상은 옅은 보라색인데, 참 무엇이라고 설명하기가 어렵다. 할미꽃 실물이나 사진을 보고 각자 느끼는 수밖에 없다. 봄철에 시골에 양지바른 길옆이나 집 가에 피는 작은 여러해살이꽃으로 제비꽃이 있다. 색깔이 흰색이나 노란색도 있나 보지만 제비꽃을 영어로 Manschurian violet이라고 부르는 걸 보니까, 보라색이 기본 같다. 밝은 보라색 제비꽃이 참 예쁘다. 모양이 제비를 닮아서 제비꽃이라고 부른다는 설이 있고, 강남 갔던 제비가 돌아올 때쯤에 꽃이 핀다고 하여 이름이 유래됐다는 설이 있다. 다른 이름으로 오랑캐꽃, 참제비꽃, 장수꽃, 외나물 등이 있다. 이외에 보라색을 우리에게 보여주는 식물로 라벤더, 난초, 가지, 도라지, 뽕나무, 엉겅퀴, 라일락 등이 있다. 포도, 자두 등의 과일도 보라색 계열의 색상을 우리에게 보여준다.

이렇게 자연에서는 보라색을 보이는 식물이 종종 보이지만 우리가 염료나 물감으로 쓰는 보라색 물질을 추출하기는 어려웠다. 서양에서는 소량으로 뽑아내는 조개 분비샘의 물질로부터 변색이 되지 않는 보라색을 뽑아낼 수 있음을 발견하고, 애용하게 되었으나 고가여서 일부 재력가나 권력자의 전유물이 되었다. 이런 연유로 보라색은 국왕이나 종교지도자의 제복 색으로 사용되고 일반인은 구경만 하였다.

보라색을 빨강 계열로 인식하는 사람이 꽤 많다. 보라색을 어떤 이들은 자주색(紫朱色)이라고 말한다. 이 말에는 분명하게 빨간색을 뜻하는 주(朱) 자가 들어가 있다. '빨주노초파남보'라는 가시광선 스펙트럼에서 보라색이 제일 상위에 있건만 제일 하위에 있는 빨간색과 비슷하다고 느끼는 경향이 있다. 괴테의 분류에 의하면 보라색은 차가운 색인데, 빨간색과 유사하게 느껴서 따뜻한 색으로 인식하고 있지나 않은지 생각된다. 보라색이 귀해서 일반인이 접하기 쉽지 않았고, 어렸을 때 색에 대해 학습할 때 제대로 구별하여 배우지 않았기 때문이라고 필자는 생각한다. 우리 인간의 눈에는 보이지 않는 보라색이 벌과 같은 곤충에게는 더 잘 이끌린다는 설이 있다. 보라색이 우리에게는 쉽지 않은 색깔이어도 벌은 자외선에 가까운 보라색을 더 잘 본다는 얘기이고, 그래서 자연에서 보라색 계통의 꽃을 피우는 식물이 있다고 식물학자들은 말하고 있다.

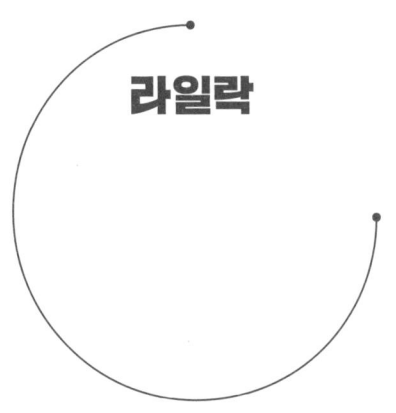

라일락

잊어버린 꿈의 계절이 너무 서러워
라일락꽃 속에 서 있네.
다시 한번 보고 싶어 애를 태워도
하염없이 사라지는 무정한 계절.
라일락꽃 피는 봄이면
둘이 손을 잡고 걸었네.
꽃 한송이 입에 물면은
우린 서로 행복했었네.

끝나버린 꽃의 계절이 너무 아쉬워

너를 본 듯 나는 서 있네.

따사로운 햇빛 속에 눈을 감으면

잡힐 듯이 사라지는 무정한 님아.

라일락꽃 피는 봄이면

둘이 손을 잡고 걸었네.

꽃 한송이 입에 물면은

우린 서로 행복했었네.

—김영애 노래, <라일락꽃>(1977)

위 노래는 1970년대 김영애가 부른 추억의 노래로, 최근에 반가희, 강혜연 등이 다시 불렀다. 봄철에 우리에게 보라색을 선보이는 식물 중에 으뜸은 라일락이다. 라일락은 쌍떡잎식물로 리라꽃이라고도 불렀다. 멕시코의 노래를 번안한 '베사메 무초'의 가사 중에 '리라꽃 향기를 나에게 전해다오'가 있다. 라일락 나무는 2~3m로 꽃은 매년 4~5월에 개화하며 대롱 모양으로 피는 타원형의 꽃잎이 네 갈래로 갈라져 있고, 연한 보라색이나 자주색, 흰색 등을 띠고 있으며 꽃이 한 줄기에 여러 무더기로 피어서 나기 때문에 꽃 하나는 작아도 꽃들이 모여있으면 제법 큰 무리를 이룬다. 라일락꽃이 무성해지면 어느새 세상은 초록의 물결이 넘실대서 봄이 끝나 버린 듯해 너무 아쉽다고 느껴진다. 라일락꽃에 얽혀 있던 사연은 어느덧 추억 속으로 묻혀버린 듯하다.

라일락을 우리말로 뭉뚱그려 수수꽃다리라고도 부르는데, 꽃이 매달려 있는 모양이 수수 열매가 매달려 있는 모양과 닮았다고 해서 그리 부르게 된 것 같다. 정확히 이 수수꽃다리는 한국 자생종이고, 라일락이라 부르는 것은 유럽 남동부의 발칸 반도 등지가 원산지이다. 그래서 라일락을 '서양수수꽃다리'라고도 부른다. 한자어로는 자정향(紫丁香)이다. 수수꽃다리는 더위를 싫어해 남한에는 자생하지 않고, 국내에 있는 수수꽃다리는 전부 분단되기 전에 옮겨 심은 것이라고 한다. 라일락 품종 중에 'Miss Kim'이라는 이름을 가진 꽃이 있다. 우리나라에서 자생하는 털개회나무를 미국으로 가져가서 개량한 것을 역수입해 왔다. '미스김 라일락'은 현재 우리나라에서 라일락 품종 중 가장 인기가 많다고 한다.

웃음 짓는 커다란 두 눈동자
긴 머리에 말 없는 웃음이.
라일락꽃 향기 흩날리던 날
교정에서 우리는 만났소.

밤하늘에 별만큼이나

수많았던 우리의 이야기들

바람같이 간다고 해도

언제라도 난 안 잊을 테요.

비가 좋아 빗속을 거닐었고

눈이 좋아 눈길을 걸었소.

사람 없는 찻집에 마주 앉아

밤늦도록 낙서도 했었소.

밤하늘에 별만큼이나

수많았던 우리의 이야기들

바람같이 간다고 해도

언제라도 난 안 잊을 테요.

―윤형주 노래, <우리들의 이야기>

본 노래는 1970년대에 유행하던 포크 송으로 당시를 회상하게 만드는 추억의 노래이다. 라일락꽃이 필 때쯤이면 기온이 어느 정도 올라서 밤에 나다닐 수 있을 정도인데, 그때 교정에 펴 있는 라일락꽃의 추억을 잊을 수 없다고 노래하고 있다. 특히 봄날 밤에 흩날리는 라일락꽃 향기를 잊을 수 없다고 얘기하고 있다. 라일락꽃은 달콤한 계열의 강한 향이 난다. 코가 약한 사람도 라일락꽃의 향을 맡으면 강하긴 하지만 향 자체는 은은하게 달콤한 꽃향기여서 맡아도 크게 부담스럽지 않다. 많은 사람이 라일락을 향기로 기억하고 있다. 라일락꽃은 향수나 섬유 유연제 등에 넣는 향료의 원료로 쓰인다. 단독으로 쓰이기도 하지만 보통 재스민, 백합 등 여러 꽃의 향과 혼합해서 쓰는 경우가 많다. 마트나 슈퍼에서 파는 섬유탈취제나 향수 등에 라일락 특유의 달콤한 향이 묻어나는 걸 느낄 수 있다. 꽃이 아름다우며 향이 좋아서 라일락을 아파트 단지나 공원에 관상수로 최근에 많이 심는다.

우리가 냄새를 감지하는 능력을 후각이라고 한다. 시각과 청각은 각각 공기 중의 전자기파와 음파를 감지하는 감각이다. 시각과 청각은 파동을 감지하는데, 후각은 대상 물체에서 나오는 물질이 우리의 코에 닿아서 화학반응이 일어나야 느낄 수 있다. 미각은 음식이 우리 입 안에서 침에 녹아야 우리 입 안의 센서가 감지할 수 있다. 라디오 연속극은 오로지 청각에 의지하여 청취자에게 사연이 전달된다. 청취자가 머릿속에서 열심히 상상력을 발휘해야 그 드라마가 이해되고 재미가 있게 된다. 텔레비전 연속극은 시각과 청각을 활용하여 이야기를 이해하도록 하는데,

그만큼 이해는 빠르나 상상력의 동원은 덜 요구한다. 영상이나 음성을 전파에 실어 보내고 수신기에서 이들을 복원해 내는 기술을 우리 인간은 터득하고 있다. 여기에 더해 라디오나 텔레비전 드라마에서 냄새나 음식의 맛을 전송해 보면 어떨까 하는 상상을 해 본다. 그러나 이를 구현하기 위해서는 기술적으로 해결해야 할 과제가 많고, 아직은 시청자들도 그에 대한 강한 욕구가 없으므로 후각과 미각을 전송하는 기술은 아직 실현되지 않은 것 같다.

Maxwell's Rainbow

4장

별들의 고향

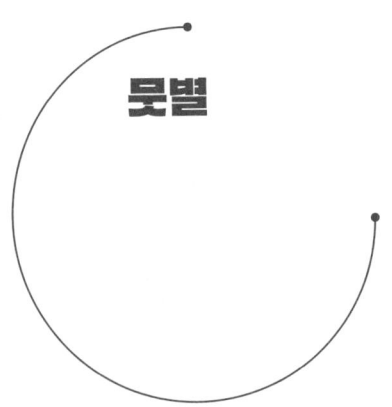

뭇별

별 하나에 추억(追憶)과

별 하나에 사랑과

별 하나에 쓸쓸함과

별 하나에 동경(憧憬)과

별 하나에 시(詩)와

별 하나에 어머니, 어머니.

어머님, 나는 별 하나에 아름다운 말 한마디씩 불러봅니다. 소학교(小學校) 때 책상(冊床)을 같이 했던 아이들의 이름과 패(佩), 경(鏡), 옥(玉) 이런 이국(異國) 소녀(少女)들의 이름과 벌써 아기 어머니 된 계집애들의 이름과 가난한 이웃 사람들의 이름과 비둘기, 강아지, 토끼, 노새, 노루, '프랑시스 잠', '라이너 마리아 릴케' 이런 시인(詩人)들의 이름을 불러봅니다.

―윤동주, <별 헤는 밤>(일부)

위 시는 윤동주(1917~1945)의 '별 헤는 밤'의 일부이다. 별은 우리에게 꿈과 추억을 안겨 준다. 시인 윤동주도 암울한 일제하에서 하늘의 별을 쳐다보며 어릴 적 추억을 더듬고 내일의 꿈을 꾸었다. 인간은 별의 정체에 대해서 잘 모를 때에는 인류의 화복을 별의 운동과 연관하여 생각하였다. 이른바 점성술이다. 국가에서는 별을 관찰하는 기관과 시설을 운용하였다. 첨성대는 신라 시대에 별을 관찰하기 위한 시설이라고 생각하고 있다. 우리 선조들은 중요한 별에 대해서 이름을 붙이고 별의 운행에 대해서 나름대로 지식을 갖고 있었으며 밤새 하늘을 관측하는 사람이 별의 운행에 이상이 발견되면 반드시 윗사람에게 보고하였고, 실록 등에 기록으로 남겼다.

별을 지칭하는 순우리말이 몇 가지 있다. '샛별, 어둠별, 떠돌이별, 달별, 살별, 별똥별'과 같은 말들은 우리 나름의 발상과 문화를 반영하고 있다. 그 중 대표적인 것이 '샛별'인데 금성(金星)

을 가리키는 말이다. 샛별은 동쪽 하늘에서 유달리 반짝반짝 빛나 사람의 시선을 끈다. 금성은 아침과 저녁에 따라 그 이름을 달리한다. 저녁에 비치는 금성은 '개밥바라기', 또는 태백성(太白星)이라 하고, 새벽에 비치는 것은 '샛별', 또는 계명성(啓明星)이라고 한다. '샛별'은 '새(東)'와 '별(星)'이 합성어로 동방의 별이란 말이다. 금성이 이렇게 동방의 별을 의미하기에 '샛별이 등대란다 길을 찾아라'라는 동요가 불리고 있다. 한자어로 금성의 '金'은 오행설에서 서쪽을 의미하는데, 우리의 발상과는 조금 다르다. 금성의 金 자가 '쇠 금(金)'자이기에 '샛별'은 '새-별(東星)'이 아닌, '쇠-별(鐵星)'이 변한 말이란 추정도 있다. 그리고 저녁녘의 금성을 '개밥바라기'라고도 하는데, 저녁밥이 기다려지는 때라는 말과 관련이 있어 보인다. '개밥바라기'는 개가 밥을 기다리는 시각에 금성이 떠서 붙여진 이름이라는 해석이 있다. 해가 진 뒤 저녁녘에 서쪽 하늘에 반짝이는 금성을 순우리말로 '어둠별'이라고도 불렀다.

'떠돌이별'은 행성(行星)을 의미한다. 행성(planet)은 태양 주위를 공전(公轉)하는 천체이다. 행성이란 말은 고정되어 있지 않고, 공전한다는 데에 초점을 맞춘 것이다. 행성은 유성(遊星), 또는 혹성(惑星)이라고도 한다. '떠돌이별'도 고정되어 있지 않고 떠돌아다닌다는 특성에 따른 이름이다. 그런데 한자어 '행성'의 '다닐 행(行)'자에 비하면 떠돌아다닌다는 말이 더 시적이다. 더구나 '떠돌이별'은 '항성(恒星)'을 '붙박이별'이라고 하는 말을 떠올릴 때 더욱 그러하다. '달별'은 위성(衛星)을 이른다. 위성은 행성의 인력에 의하여 그 행성을 도는 별로, 지구라는 행성에 속해 있는 달이 대표적이다.

'살별'은 혜성(彗星)을 가리킨다. 그 '혜성'은 반점 또는 성운 모양으로 보이고, 때로는 태양의 반대쪽을 향하는 꼬리를 수반하는 태양계의 천체이다. '살별'이란 이 혜성의 꼬리에 초점을 맞춘 이름이다. 혜성의 '彗'자는 대나무 빗자루를 가리키는 말이다. 혜성의 움직이는 모양이 공중에 화살이 많이 떨어지는 모양과 같아서 그렇게 부른 것 같다. '별똥별'은 유성(遊星)을 통속적으로 이르는 말이다. 유성은 우주에 떠 있던 물체가 대기권에 진입할 때 마찰로 인하여 빛을 내면서 떨어진다. 여름날 밤하늘에 한 줄기 섬광을 발하며 떨어지는 것을 '별똥별'이라 하였다. 별이 변을 보는 것으로 받아들인 것이다. 그래서 땅에 떨어진 운석은 '별똥돌'이라고도 하였다.

서양에서는 오래전부터 별을 대상으로 점성술이 유행하였다.

서양에서 멀리 떨어져 있는 별들을 밝기 별로 묶어서 별자리라고 한 점이 흥미롭다. 별자리를 개인의 출생과 일생을 연관시켜서 생각하였다. 아울러 별의 운행이 국가의 운명을 예언하는 기초 자료가 되기도 하였다. 별의 관찰을 육안에만 의지하지 않고, 확대하여 보고자 하는 욕망에서 망원경이 발명되었다. 한자어로 망원경(望遠鏡)은 먼 데를 볼 수 있는 안경이라는 뜻일 터인데 영어로는 먼 데라는 뜻의 tele와 범위, 영역이라는 뜻인 scope의 합성어이다.

별의 관찰 결과를 학문으로 발전시켜 천문학(astronomy)이 발달하면서 별들의 상호 관계를 연구하다가 보니, 지구가 천체의 중심으로 하늘이 움직인다는 천동설이 깨지고 태양을 중심으로 지구가 돈다는 지동설(地動說, heliocentric theory)이 태동하였다. 지동설의 처음 제창자는 폴란드의 코페르니쿠스(Nicolaus Copernicus, 1473~1543)로 인정되고 있다. 망원경에 의한 관찰 결과를 바탕으로 태양을 중심으로 수성(Mercury), 금성(Venus), 지구(Earth), 화성(Mars), 목성(Jupiter), 토성(Saturn) 등의 순으로 행성이 돌고 있다는 사실이 알려졌다. 그 운행 질서를 종합적으로 정리한 사람이 독일의 케플러(Johannes Kepler, 1571~1630)이고 동시대에 이를 지지한 사람 중에 대표적인 사람이 이탈리아의 갈릴레오(Galileo Galilei, 1564~1642)였다. 행성의 운행 질서에 관한 연구로 얻어진 결과 중의 하나가 만유인력의 법칙이다. 이로 인하여 뉴턴의 고전 역학이 태동하게 되었고, 인류의 자연 현상 이해에 큰 전환점이 되었다.

우리 인간에게는 사유하는 특징이 있어 자연의 원리와 이치를 이해하려는 노력이 두드러진다. 인류가 태양이 없으면 존재할 수 없다는 사실은 꽤 오래전에 깨달은 것 같다. 태양신 숭배 사상에서 쉽게 그 흔적을 찾아볼 수 있다. 그러나 이성이 발달하면서 인간을 중심으로 세상을 이해하려는 생각이 생겨났고, 철학이나 종교가 생겨났다. 종교는 절대자를 숭배하고 있지만, 자세히 따져보면 인간 중심으로 이야기를 풀어가고 있다. 아래의 시에서 보면 시인 김광섭(1906~1977)은 어느 저녁에 하늘의 별을 쳐다보며, '자신의 존재는 무엇일까'라는 상념에 빠져 있다.

저렇게 많은 중에서
별 하나가 나를 내려다본다.
이렇게 많은 사람 중에서
그 별 하나를 쳐다본다.

밤이 깊을수록

별은 밝음 속으로 사라지고

나는 어둠 속에 사라진다.

이렇게 정다운

너 하나 나 하나는

어디서 무엇이 되어

다시 만나랴.

―김광섭, <저녁에>

인간은 사유하는 동물이다. 프랑스의 자연과학자요 철학자인 데카르트(René Descartes, 1596~1650)는 우리에게 다음과 같은 유명한 명제를 남겼다. 나는 생각한다, 고로 존재한다. 불어로 Je pense, donc je suis. 라틴어로 Cogito ergo sum. 우리의 생각하는 버릇이 오늘날의 찬란한 문명을 이룩하였다. 인류의 지식이 많아지면서 사물에 대한 이치를 따져서 각종 학문을 발전시켜 왔는데, 그중에서 물질의 원리를 중점적으로 다루는 학문이 물리학이다. 한자로 물리(物理)는 '사물(事物)의 이치(理致)를 탐구한다'는 뜻이다. 물리학은 원자 수준의 아주 작은 세계부터 우주라는 아주 큰 스케일의 세상까지 다루고 있다. 물리학은 자연현상에 그치지 않고, 인간 사회의 모든 현상에 대해서도 해석을 내릴 수 있다.

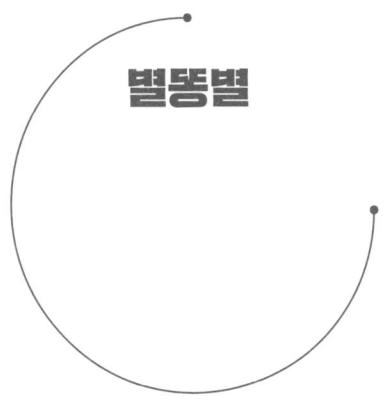

별똥별

 지난 2013년 2월, 너비 약 20m짜리 유성이 러시아 우랄 지역 첼랴빈스크 상공 대기권에 진입해 폭발하며 광범위한 피해를 일대에 입혔다. 유성은 별똥별이라고 부르기도 하는데, 우주의 물체가 지구의 대기권으로 들어와 공기와 부딪치면서 폭발한다. 대기권에서 다 타지 않고 지상에 떨어진 것을 별똥(돌) 혹은 운석(隕石)이라고 한다. 파리 에펠탑보다 무거운 1만 3천 톤 정도의 질량을 가진 것으로 추정되는 이 유성은 초속 19km의 속도로 날아와 지상 약 30km 높이에서 폭발했다. 이 유성이 어떻게 이 정도의 속도를 갖고 지구에 접근했는지는 정확히 잘 모른다. 지구 근처까지 와서 지구의 인력에 이끌리어 지구와 충돌했을 것이다.

이 폭발로 유성 파편과 함께 뜨거운 먼지 및 가스 구름이 생성되고, 섬광이 일어나고, 엄청난 충격파가 지상을 덮쳤다. 대기권 충돌 전 이 유성의 운동에너지는 히로시마에 투하된 원자폭탄의 30배 정도에 달했다고 보고 있다. 유성 충돌로 인한 충격파로 첼랴빈스크 인근 지역의 건물 7,000여 채가 유리창이 깨지거나 지붕이 무너지는 등의 피해를 보았고, 천여 명이 유리 파편 등에 맞아 크고 작게 부상하였다. 이 유성이 갖고 있던 막대한 운동에너지는 지구의 대기권을 통과하면서 대기와의 마찰과 공기 중의 산소와 반응하여 연소(燃燒)되면서, 열, 빛, 소리 등 다른 형태의 에너지로 변환된다. 특히 속도의 변화 즉 운동량의 변화($\Delta p = m\Delta v$)가 힘(f)과 시간(t)의 곱인 충격량($f \cdot t$)의 변화로 바뀌면서 막대한 힘, 즉 파괴력을 내기 때문에 대기권 밑에서도 큰 피해가 발생한다.

문제는 이 유성이 대기권에 진입하기 전까지 지구에서 쉽게 감지하지 못할 수 있다는 점이다. 지구에 접근하는 유성이나 소행성, 혜성 등을 NEO(Near-Earth Objet)라고 부르는데 이것들이 지구에 충돌하기 며칠 전에 이 사실을 발견한다면 우리는 그냥 앉아서 맞을 수밖에 없다. 우리는 이런 NEO들을 지구로부터 멀리 떨어져 있을 때 발견해 최대한 많은 시간을 갖고, 가능한 한

폭넓은 해결책을 마련할 수 있도록 해야 한다. 문제는 이 유성이 대기권에 진입하기 전까지 지구에서 누구도 이를 쉽게 감지하기 어렵다는 점이다. 그 이유 중 하나는 보통 NEO가 태양과 너무 가까워 빛을 통한 식별이 어렵기 때문이라고 알려진다.

이들 NEO는 대부분 크기가 작고 지구로부터 멀리 떨어져 있어 희미하게 보이고 일부는 검게 보여서 똑같이 검게 보이는 우주 공간에서 이를 발견하는 것이 매우 어렵다. 이 때문에 눈으로 보이는 빛 대신에 이들 NEO의 고유한 특성인 열(적외선)을 이용하려고 한다. 소행성과 혜성은 태양 빛을 받아 데워져 있으므로 NEO 광범위 적외선 탐사(Near-Earth Object Wide-field Infrared Survey Explorer, NEOWISE) 망원경으로 발견할 수 있다. 적외선 망원경으로 NEO의 표면 특성을 분석하여 이 물체가 얼마나 크고 무슨 물질로 구성돼 있는지를 알아내 이것이 지구에 충돌하게 된다면 어떤 전략을 써서 방어할 것인지를 계획하게 된다. 예를 들면 방어전략 중 하나는 NEO가 지구 충돌 궤적에서 벗어나도록 물리적으로 '밀어버리는(nudge)' 것이다. 그런데 이렇게 미는 데 필요한 에너지를 계산하기 위해서는 NEO의 질량과 크기 및 접근 속도 등의 세부 정보가 필요하다.

과거에 소행성의 지구 충돌로 공룡이 멸종되고 지구에 장기간의 황폐화가 있었다는 학설이 있다. 커다란 유성의 충돌 현장이라고 보이는 지형이 지구 곳곳에서 발견되고 있다. 우리나라 강원도 양구군에 있는 펀치볼(Punch Bowl)이라는 지형도 외계 유성의 충돌 흔적이라는 설이 있다. 그 분지의 정식명칭은 해안분지(亥安盆地)이지만 한국전쟁 때 외국 종군기자가 위에서 내려다 본 모습이 화채 그릇처럼 생겼다 하여 펀치볼이라고 붙인 이름이라고 한다. 우리는 이런 NEO들을 지구로부터 멀리 떨어져 있을 때 발견해야 최대한 많은 시간을 벌고, 가능한 해결책을 마련해서 피해를 최소화할 수 있다. 최근에 미국의 항공우주국(NASA)에서는 지구에 돌진하고 있는 유성을 미리 찾아내서 인공위성을 발사하여 충돌시키는 실험에 성공하였다고 발표한 바 있다.

이러한 별똥별 즉 유성은 문학이나 애니메이션의 주제가 되기도 한다. 지구로 접근하는 유성을 핵폭탄으로 날려 버린다는 줄거리는 이미 1979년 영화 '미티어(Meteor)'로 시도되었다. 냉전이 한창인 시대라 미국과 소련 측의 갈등이 심해 서로 협조가 안 되는 부분이 있긴 했으나 인류 공동의 목표를 위해 양측이 협조한다. 영화제목 Meteor는 유성(별똥별), 운석(별똥돌)을 뜻하는 영어 단어로 그리스어 'μετέωρος(하늘 높이 올려진)'에서 유래했다. 접두사 meteo(r)-로 사용될 때는 대기 및 기상현상의 의미도 갖는다. 예컨대, meteorology는 기상학이라는 뜻이다. 천문학과 기상학은 전혀 다른 내용의 학문인데, 한때 우리나라 일부 대학에서도 천문기상학과라는 이름으로 합쳐 있었다. 구어체에서 meteoric은 '덧없이 사라지는 것', '유성처럼 잠시 빛났다가 사라지는 것'이라는 의미로도 쓰인다. 서방 세계에서는 '미티어'란 이름이 전투기나 공대공 미사일에 붙여지기도 하였다.

혜성 충돌을 다룬 본격적인 영화로 '딥 임팩트(Deep Impact)'가 1998년에 개봉되었다. 이 영화는 방송국의 여성 앵커, 최초로 혜성을 발견한 고등학생, 혜성 파괴 임무를 띠고 발진한 인공위성 안의 승무원들, 이 세 부분을 축으로 그들과 주변 사람들 사이의 이야기로 구성되는 드라마다. 혜성 충돌로 인한 지구멸망이라는 대재앙을 맞이하는 인간들의 심리를 꼼꼼하게 묘사하고 있다. 에베레스트산 크기의 거대한 혜성이 지구를 향해 돌진해 오는데 이를 제서하기 위해 발사된 인공위성의 첫 번째 작전에서 두 동강이 나서 분리 후 두 조각은 결국 지구와 충돌한다. 하나는 대서양에 떨어져서 거대 해일을 불러오고, 미국 동부와 유럽, 아프리카까지 무참히 휩쓸어버린다. 큰 조각은 캐나다 남부

부근에 충돌할 것으로 예상되는데, 혜성 제거 작전에 실패한 인공위성 선원들은 죽음을 감수하며 혜성 조각에 돌진한 다음 자폭 핵폭탄 공격으로 지구진입 직전에 폭파하여 지구가 멸망하는 일을 막는다는 것이 주요 줄거리이다.

'딥 임팩트'에 바로 이어서 소행성 충돌을 다룬 영화 '아마겟돈(Armageddon)'이 개봉되었다. '아마겟돈'은 액션 영화이다. 아마겟돈은 히브리어 '하르 메깃돈'을 그리스어로 음차한 표현으로, '므깃도의 산(언덕)'이란 뜻이다. 므깃도는 팔레스타인 중부 곧 예루살렘 서북쪽의 갈멜산 아래에 있는 군사 요충지이다. 이스라엘 역사상 수많은 전쟁이 이곳에서 치러졌다. 묵시문학에서 므깃도는 선과 악의 세력이 싸울 최종적인 전쟁터요, 마침내 악의 세력이 패망하는 곳으로 알려져 있다. 일본에서는 1970년대 이후에 창설된 종교가 기독교계인지 아닌지에 관계없이 서기 2000년경에 세계의 파국이 도래한다는 종말론적인 세계관을 가지고 있었는데 그 직전에 아마겟돈 전쟁이 있을 것이라고 믿었다. 특히 오움진리교는 아마겟돈 전쟁에 그들 자신이 관련된다고 생각하여, 1995년에 무고한 일반인에게 테러를 감행하여 많은 희생자가 발생한 사건이 있었다.

혜성 충돌과 관련하여 이 밖에도 '너의 이름은(きみのなは, 기미노나와, Your Name?)'이라는 2016년 공개된 일본의 애니메이션이 원작인 로맨스 판타지 드라마 영화가 있다. 이 영화는 일본 시골에 있는 여학생과 도쿄에 있는 남학생의 몸이 서로 바뀐다는 이야기를 다룬다. 영화 선전의 캐치프레이즈가 '아직 만난 적 없는 너를, 찾고 있어'였다고 한다. 이 영화는 애니메이션 및 감정 묘사 효과에 대해 호평을 받아, 여러 상을 받았고, 대규모의 상업적 성공을 거두었다.

우리는 언어생활에서 별에 관해 많이 얘기하고 있다. 성공한 영화배우나 가수들을 우리는 스타(star), 곧 별이라고 부른다. 갑자기 나타난 스타는 혜성(彗星)과 같이 나타났다고 한다. 새로 '반짝'하고 나타난 스타는 신성(新星) 혹은 신예(新銳)라고 한다. 필자의 손녀 이름이 신예(信叡)이다. 집안의 항렬, 돌림자로 신(信) 자를 고집하는 필자가 애 아빠인 아들을 설득하느라고 고생 좀 하였다. 신예라고 하면 발음이 신예(新銳)와 같아서 그런대로 괜찮아 보인다. 군대에서 최상위 계급을 별이라고 한다. 장성(將星)으로 진급하면 별을 달았다고 말한다. 군 장교 계급장을 위관급은 밥풀, 영관급은 말똥이라고 속칭 이야기한다. 장성이 제대로 역할을 못 하면 똥별 소리를 듣는다.

천문대와 망원경

> 그를 이끌고 밖으로 나가 가라사대 하늘을 우러러 뭇별을 셀 수 있나 보라. 또 그에게 이르시되 네 자손이 이와 같으리라.
>
> ―<창세기> 15: 5

이 글 창세기에서 말하는 '그'는 '믿음의 조상(祖上)' 아브라함이다. 밤하늘을 쳐다보면 뭇별이 무수히 많다. 그 수가 헤아릴 수 없이 많아 바닷가의 모래처럼 많다. 지금은 혼자이지만 나중에 그의 후손이 밤하늘의 뭇별이나 바닷가의 모래 개수만큼 많아지리라는 얘기다. 오늘날 전 세계의 인구는 팔십억을 돌파하였다고 하는데, 이를 아라비아 숫자로 표기하면 8,000,000,000이 된다. 우리 대한민국의 인구는 오천만을 넘었다고 하는데, 숫자로 표시하면 50,000,000이다. 옛날 같으면 셀 수 없이 큰 숫자라고 했겠지만, 컴퓨터의 등장과 저장 메모리의 출현으로 별것 아닌 숫자가 되어 버렸다. 80억은 8G(기가), 5천만은 50M(메가)라고 하면 끝난다. 각국은 인구조사를 통하여 국민의 인적 사항을 낱낱이 기록하여 보관할 수 있다. 중국에서는 거리에 걸어가고 있는 사람의 외모나 인적 사항에 관한 정보가 수집되고 있다는 말도 있다.

밤하늘에 떠 있는 별들은 무수히 많다. 천문학자들은 하늘에 좌표를 설정하고 별의 위치를 기록하고 이름을 붙여 놓았다. 옛날에는 맨눈으로 관찰되는 별들에 별의 밝기 등을 고려하여 별자리라고 이름을 붙였다. 대표적으로 북두칠성이 그 예이다. 최근에는 그리스어 알파벳이나 숫자 등의 번호를 붙이기도 한다. 북두칠성처럼 오래전부터 명명된 별은 그대로 이름이 붙여졌지만, 최근에는 각종 망원경의 발달로 새로 발견된 별들은 발견자의 의견을 존중하여 명칭을 붙이고 국제천문학회(International Astronomical Union)에 의해 공인되고 있다. 최근에는 우리나라 천문학자들이 발견한 별들에 우리 선조 중에 선각자들의 이름을 부여하여 명명하고 있다. 아래 권영주(1939~) 시인의 동시는 이

점에 착안하여 젊은 꿈나무들의 상상력을 독려하고 있다.

> 별 구경하러 보현산 천문대에 갔다.
> 은가루 뿌려놓은 듯 빛나는 은하수별들.
> 화성과 목성 사이, 와아! 홍대용별 보인다.
> 김정호별, 최무선별, 장영실별, 허준별 …
> 우리 별들이 새까만 우주 공간에 한 자리 차지하고 반짝반짝 살아있다.
> ―권영주, 동시 <홍대용별>(2012) (일부)

맨눈으로 별을 관찰하던 시절을 지나 렌즈나 오목거울이 등장하면서 별에서 오는 빛을 확대하여 보게 되었다. 뉴턴의 반사망원경도 그 발달 과정의 하나일 것이다. 좀 더 과학이 발달함에 따라 대형 망원경이 가능해지고 이런 것들을 설치한 천문대가 세계 곳곳에 등장하였다. 지구의 위도와 표준시의 중심이 된 영국의 그리니치(Greenwich) 천문대나 세계 최대의 반사망원경(구경 508cm)을 자랑하던 미국 샌디에이고에 있는 팔로마(Palomar) 천문대는 역사의 유물로 변한 지 오래다. 대부분 천문대는 야간에 불빛이 밝은 도심을 피해 높은 산 위에 설치되어 있다. 천문학적으로 새로운 발견이나 실험을 위해서는 성능이 더욱 향상된

망원경이 필요하다. 우리나라에도 대학교 인근이나 서울 근교에 설치되어 있는 망원경은 어린이나 아마추어 천문가를 위한 시설로 바뀌었다. 첨단 기능의 망원경을 제작하고 설치하기 위해서는 돈이 많이 들기 때문에 여러 나라가 소요 비용을 분담하여 천문대를 건설하고 있다. 이상적인 지상 천문대 설치 위치로 연중 강우량이 적고 불빛이 적은 높은 산이 유리한데, 최근에 건설한 국제적인 천문대는 대부분 남미의 칠레에 있다. 안데스산맥 고산지대의 연간 기후 행태와 칠레 정부의 천문대 유치 정책이 한몫하였다.

옛날에는 별에서 나오는 불빛으로 별을 관찰했지만, 빛도 에너지의 한 형태로 발산되는 전자기파라는 사실을 알고부터는 광선 이외에 적외선이나 전파로 별을 관찰하는 기술이 나왔고 전파망원경이라는 기구도 제작되었다. 별로부터 X선 같은 에너지가 높은 복사도 나올 수 있고, X선보다도 더 큰 에너지의 복사도 방출된다. 펄서(pulsar)라고 부르는 별로부터 라디오파 신호의 방출이 관측되었다. 특히 다음 절에서 나오는 도플러효과로 인하여 먼 별에서부터 오는 전자기파는 지상에서 적색이나 적외선, 혹은 그 이하의 주파수 영역에서 관찰된다.

지상에서 별을 관측하지 않고 인공위성에서 별을 관측하려는 노력이 그동안 있었다. 대표적으로 1990년 미국에서 쏘아 올린 허블 우주망원경이 있다. 이름은 미국 천문학의 태두인 허블(Edwin Hubble, 1889~1953)에서 따왔다. 여러 차례 우주왕복선을 투입하여 보수 작업을 펼친 덕에 발사한 지 30년이 지난 현재도 작동하고 있다. 그 후속으로 2021년 제임스웹 우주 망원경이 쏘아 올려졌다. 허블 우주망원경이 가시광선을 관측하는 것과 달리 제임스웹 우주망원경은 적외선 영역을 중점적으로 관측한다. 기존 지상 망원경이나 우주 망원경이 관측할 수 없었던 아주 먼 거리에 있는 천체들을 관측하는 목표로, 적외선 관측 능력이 매우 뛰어나도록 설계되었다. 미국 항공우주국(NASA)의 제2대 국장인 웹(James E. Webb, 1906~1992)의 이름을 땄다. 그 망원경이 존재하는 위치가 지구와 태양의 중력이 균형을 이룬 지점인 라그랑주 포인트라고 한다. 이 궤도에서 지구와 태양을 바라보면 두 물체가 늘 같은 위치에 보이게 된다. 이 위치에 망원경을 배치하면 지구나 태양에 가려지지 않아 방해받지 않고 우주를 관측할 수 있다고 한다. 또한 중력이 균형을 이룬 지점이기 때문에 궤도를 유지하기 위한 연료 사용도 최소화할 수 있다. 라그랑주 포인트는 태양계에서 지구와 달, 지구와 태양, 태양과 목성 사이에 총 5개가 존재하는데, 아주 오랜 옛날에 프랑스의 과학자 라그랑주(Joseph L. Lagrange, 1736~1813)가 처음으로 발견하였다.

그 옛날에 라그랑주는 참 대단한 업적을 이루었다.

적색편이

　맑은 하늘에 반짝이는 무수한 별은 우리 눈에는 붉은색이나 노란색 계통으로 보인다. 파란 별을 보았다는 기록은 어린이를 위한 동화 외에는 없다. 태양에서 지구로 오는 전자기파는 여러 가지 주파수(혹은 파장)를 갖고 있다. 눈으로 감지할 수 있는 가시광선 영역의 전자기파는 여러 개가 합치면 백색 혹은 무색으로 우리는 느끼고 있고, 무지개가 뜨면 빨주노초파남보의 일곱 가지 색으로 나누어진다. 아주 멀리서 오는 별빛에는 왜 이런 현상이 관찰되지 않고 우리 눈에 붉은색 계열로 보일까? 이런 질문이 생길 수 있다.

요즈음은 소방차나 구급차가 출동할 때 생활 소음 관리 차원에서 사이렌 소리를 크게 내지 않지만, 옛날에는 요란한 소리를 내며 지나갔다. 아마 당시에는 생활 소음이 크거나 많지 않아서 소방차의 사이렌 소리가 더 크게 들렸는지도 모른다. 우리는 자기 처소에 있으면서 소방차가 자기가 있는 곳에서 멀어지고 있는지 가까워지고 있는지를 느낄 수 있었다. 이런 현상을 물리학적으로 처음으로 분석한 사람이 오스트리아의 과학자 도플러(Christian Johann Doppler, 1803~1853)이고 이를 도플러효과(Doppler effect)라고 부른다. 그는 1842년 〈이중성 및 그 밖의 몇 개 항성의 착색 광에 관하여〉라는 논문을 발표하고 그 속에서 파동의 근원과 관측자의 상대운동이 가져오는 도플러효과의 존재를 지적하였다. 오늘날 정리하기로는 도플러효과란 파동을 발생시키는 파원과 그 파동을 관측하는 관측자 중 하나 또는 둘이 모두 움직이고 있을 때 발생하는 효과이다. 파원과 관측자 사이의 거리가 가까워질 때는 파동의 주파수가 더 높게, 거리가 멀어질 때는 파동의 주파수가 더 낮게 관측된다.

도플러는 이러한 현상을 소리에서 처음 발견했다. 듣는 사람이 정지해 있는 음원 쪽으로 운동해 갈 때는 정지해서 들을 때보다도 나오는 소리의 주파수(진동수)가 더 높게 들린다. 반면, 듣는 사람이 정지해 있는 음원에서 멀어져 가는 운동을 할 때는 정지해 있을 때보다도 더 낮은 주파수의 소리를 듣게 된다. 또한 듣는 사람이 정지해 있고, 음원이 가까이 다가오거나 멀어져 가거나 하는 운동을 할 때도 비슷한 결과를 얻게 된다. 예를 들면 소방차가 '솔' 음의 사이렌을 울리며 다가오면 '라' 음에 가깝게 들리다가 멀어지면 '파' 음에 가깝게 들리는 등의 변화가 발생한다. 즉 음원과 관측자가 서로 가까워질 때: 파장이 짧아진다. 주파수가 커진다. 소리는 높게(크게) 들린다. 만약 음원과 관측자가 서로 멀어질 때: 파장이 길어진다. 주파수가 작아진다. 소리는 낮게(작게) 들린다. 소리는 우리의 귀에 있는 고막에서 관찰되는데, 음(音)의 높낮이를 도레미파솔라시도의 8음계(octave)로 나누었고, 음악이란 분야로 발달하였다.

도플러는 빛에서도 같은 현상이 존재하리라고 예측했다. 보는 사람이 정지해 있는 상태에서 빛을 내는 물체가 가까워지면 스펙트럼 분석 결과 빛은 파란색 쪽으로 이동한다. 반면, 보는 사람이 정지해 있는 상태에서 빛을 내는 물체가 멀어지면 스펙트럼 분석 결과 붉은색 쪽으로 이동한다. 관측자에게로 접근하거나 멀어지는 속도가 크면 클수록 도플러 편이는 크게 나타난다.

즉 광원과 관측자가 서로 가까워질 때: 파장이 짧아진다. ⇒ 주파수가 커진다. ⇒ 빛의 스펙트럼에 청색편이가 발생한다. 반면에 광원과 관측자가 서로 멀어질 때: 파장이 길어진다. ⇒ 주파수가 적어진다. ⇒ 빛의 스펙트럼에 적색편이가 발생한다. 빛은 우리의 눈에 있는 망막에서 감지되는데, 우리는 이를 색으로 인식하고 있다. 자연에서 관찰되는 무지개를 근거로 이 색의 스펙트럼을 뉴턴 이래 빨주노초파남보라고 일곱 가지로 나누었다. 이를 기반으로 미술이나 사진, 영상이란 이름의 여러 가지 예술이 탄생하였다.

생활에서 도플러효과를 이용하는 경우를 살펴보자. 먼저 교통경찰이 소지하고 있는 스피드 건(speed gun)이 있다. 스피드 건이란 고속도로 등에서 자동차의 속도위반 단속을 위해 개발한 것으로 레이더파의 도플러효과를 이용하여 달리는 자동차의 속력을 측정한다. 레이더파는 전자기파의 일종으로 주파수가 빛보다 작고 보통 방송 전파보다는 크다. 경찰은 레이더파를 달리는 차에 쏘아 되돌아오게 하고 레이더 장치에 장착된 컴퓨터는 안테나에서 발사될 때의 파동의 주파수와 되돌아온 파동의 주파수를 비교하여 차의 속력을 계산해낸다. 스포츠에도 적용되어 축구에서 공의 슈팅 속도나 야구에서 투수의 투구 속도를 측정하는 데 사용된다.

도플러효과는 의료기구에도 적용되고 있다. 도플러 진단장치(초음파 진단장치)는 인체 내에서 주로 혈류와 같이 흐름이 있는 경우에 이용된다. 장치에 있는 탐침(probe)에서 소리를 발생시켜 혈관에 쏘면 혈류의 적혈구가 소리의 높낮이를 변화시키게 되고 그 소리를 탐침에서 검출한다. 예를 들어, 처음에 탐침에서 다가오는 적혈구에 '솔' 소리를 보내면 적혈구에서는 '라'에 치우친 소리를 듣게 되며 이 적혈구는 '라' 소리를 들었다고 탐침에 정보를 보낸다. 이 소리는 탐침에 들릴 때 높아지는 소리로 전해져 장비에서 높낮이의 변화량을 검출해 적혈구의 이동속도 즉 혈류의 유속(流速)을 계산해낸다. 이외에도 도플러효과를 이용하여 전파항법 시스템을 운영하고 있다. 항공기에서는 도플러레이더, 선박에서는 도플러 소나라고 부른다. 자연계에서 일정 시간 내 발생하는 진동수(주파수)를 측정하는 장치인 도플러 카운터 등이 있다.

미국의 천문학자 허블(Edwin Hubble, 1889~1953)은 별빛의 도플러효과에 의한 현상을 이용하여 우주가 팽창하고 있다고 주장하였다. 우주에 있는 별은 지구로부터 아주 멀리 떨어져 있어서,

우리 눈에는 우주가 늘 정지해 있는 것으로 보인다. 그러나 은하들은 서로 멀어져 가고 있으며, 우주가 팽창하고 있다는 것을 별빛의 스펙트럼 분석으로 알 수 있다. 밤하늘의 별들의 스펙트럼을 분석해 보면 별들은 붉은 스펙트럼을 띄고 별의 거리가 멀면 멀수록 더욱 붉게 나타난다. 스펙트럼의 편이가 가시광선의 범위를 벗어나 우리 눈에 보이지 않는 별들도 꽤 있을 것이다. 도플러효과로 이런 관찰 결과를 해석하면, 별들이 지구에서 멀어져 가고 있으며 별들은 멀수록 더 빠른 속도로 멀어져 가고 있다. 이로써 우주가 팽창하고 있다고 결론지을 수 있다. 우주의 팽창에 관한 연구로 노벨물리학상을 수상한 천문학자는 여럿 있다. 우주의 팽창 과정을 되돌려 보면 초기 우주의 모습을 유추할 수 있다. 이것으로 빅뱅(대폭발설)이라는 우주 발생설이 생겨났다.

빅뱅(대폭발설)은 시작과 끝이 있다는 진화론적 우주론이다. 우주가 팽창함에 따라 온도는 낮아지고 어두워진다. 대폭발설은 허블의 우주 팽창설을 기초해 우주 내의 모든 물질을 포함하는 초원자(超原子)가 폭발해 우주가 생성되었다고 말한다. 대폭발설에 의하면 최초의 작은 덩어리가 폭발하여 30분 이내에 여러 원소가 만들어지고, 이들이 모여 별(恒星)이 되었으며, 지금도 팽창이 계속되고 있다. 최초의 작은 물질의 덩어리인 초원자(超原子)

는 초고밀도로 추정된다. 이때 온도는 절대온도로 수천억K라고 추정된다. 절대온도 0K는 섭씨 영하 273도이다. 이 우주론에 의하면 우주의 총 질량은 일정하고 크기는 계속 증가하므로, 시간이 지남에 따라 우주의 평균 밀도는 점점 작아진다. 대폭발설을 뒷받침하는 증거로 우주 배경 복사와 우주에서 관측되는 헬륨 원소의 존재 비율을 들 수 있다.

우주 공간 내의 어느 방향에서나 약 2.7K의 흑체에서 방출되는 배경 복사가 관측된다. 절대온도 0K가 섭씨 영하 273도이므로 대체로 우주는 극도로 추운 상태이다. 우주 배경 복사(cosmic microwave background radiation)는 온도가 약 3,000K일 때 방출되었던 복사가 우주의 팽창으로 식어서 현재의 온도인 2.7K의 복사로 관측된다고 해석한다. 우주 배경 복사는 1965년에 미국의 천문학자들에 의해 발견되었다. 그들은 파장 7.35cm인 전파가 천구(天球)의 모든 방향에서 같은 세기로 검출된다는 사실을 알아내고, 이 전파가 빅뱅(big bang)의 화석이라고 주장하였다. 그 후 다른 천문학자들이 파장 0.3~100cm인 전파를 관측한 결과, 검출되는 전파는 2.7K의 흑체에서 방출되는 복사라는 것을 알게 되었다. 즉 대폭발이 일어났을 때 방출된 복사는 파장이 처음보다 매우 길어진 상태로 남아 있을 것이고 이 복사는 우주의 모든 방향에서 우리를 향해 올 것이라고 예상하였다. 오늘날에는 우주 배경 탐사선이라고 불리는 코비(COBE) 위성을 이용하여 우주 배경 복사를 측정하고 있다. 초기 우주 물질이 부분적으로 미세한 밀도 차이가 존재하고 이러한 밀도 차이는 별과 은하 형성의 열쇠가 된다고 해석한다. 만약 초기 우주의 배경 복사 밀도가 균일한 상태였다면 별이나 은하는 탄생하기 어려웠을 것이다.

대폭발설을 주장하는 학자들은 우주 팽창 초기에 수소와 헬륨이 각각 75%, 25%의 비율로 생겨났다고 본다. 이 이론값은 오늘날 항성(恒星)들을 관측하여 추정되는 값과 잘 일치하므로 헬륨 원소의 존재 비율은 대폭발 우주론을 지지하는 하나의 증거라고 볼 수 있다. 별의 진화 과정에서 수소는 핵융합 반응을 통하여 헬륨으로 변해간다. 우리 지구가 속해 있는 태양계의 태양에서도 같은 핵반응이 일어난다. 이 이론에 의하면, 오래된 늙은 별에는 헬륨의 함량이 훨씬 많아야 한다. 그러나 성간 물질에서 새로 탄생한 젊은 별이나 늙은 별의 헬륨 함량에는 별 차이가 없다. 이것은 헬륨이 대부분 이미 우주의 대폭발 초기에 형성되고 팽창하는 우주에서 별들에 실려 그 원소들이 그대로 운반되고 있음을 의미한다.

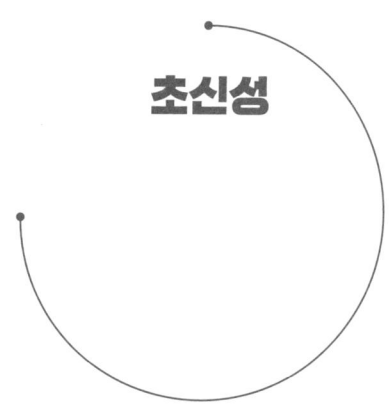

초신성

　고흐(Vincent van Gogh, 1853~1890)는 서양 미술사상 가장 위대한 화가 중 한 사람으로 알려져 있다. 그의 이름의 표기법에 대해서도 말들이 많다. 네덜란드 출생이니까 네덜란드어 표기법에 따라 '핀선트 빌럼 판호흐'라고 써야 하지만 보통 '빈센트 반 고흐'로 적는다. 옛날에는 우리나라에서 '고호'라고 불렀다. 그래도 '고호'라고 하는 사람은 양반이고, 심지어 그를 '반 고그'라고 부르는 사람도 있었다. 참고로 영국식 영어로는 '밴 고흐 또는 고프', 미국식 영어로는 '밴 고우'로 읽는다. 고흐는 평생 자신을 '빈센트'라고 불러주기를 바랐다. 화가들은 자기 그림에 성으로 서명하는 것이 보통인데 고흐는 'Vincent'라고 서명했다. 그가 말년에 거주하고 작품활동을 했던 프랑스에서 이 이름의 발음은 '뱅상'이다.

그는 네덜란드에서 개신교 목사의 아들로 태어나서 11살 때 집에서 25km 떨어진 개신교가 운영하는 기숙학교로 들어갔다. 이곳에서 고흐는 프랑스어와 영어를 기초부터 갈고 닦아서 나중에는 모국어인 네덜란드어만큼이나 유창하게 말할 정도가 되었고 독일어도 상당히 능통한 수준이 되었다. 청년 시절에 예비 목회자로 영국에 거주하였고, 독일어 지역에서 목회자 훈련을 받고, 말년은 화가로서 프랑스에서 보냈으니까, 고흐는 언어에도 천재였나 보다.

고흐는 13살이던 1866년에 더 멀리 떨어진 한 국립중학교로 진학했는데, 이 학교는 당시로서는 이례적으로 미술 과목이 도입되어 있었다. 그곳에서 미술 교사였던 한 화가 밑에서 미술 수업을 받았다. 어릴 때부터 그림을 좋아해서 즐거운 수업이었지만 제내로 화가로서의 미술 기법을 익히지는 못했다고 한다. 그러다가 1868년 3월, 고흐는 갑자기 학교를 자퇴하고 집으로 돌아왔다. 왜 자퇴했는지는 수수께끼이지만 이때 고흐가 정신장애나 발작이 있지 않았나 추측한다. 고흐의 집안에는 정신병력이 있었는데 이게 고흐에게도 유전되었을 가능성이 있다. 그는 16세 때 큰아버지의 주선으로 헤이그의 미술상에서 일을 시작하게 된다. 그 뒤 미술상에서 성격상 적응하지 못해 그만두고 신학교에 들어가서 목회자 수업을 받고 예비 목회자의 길을 가려고 하지만 예의 정신병력 등으로 그만두고 집에 와서 혼자 미술 수련을 하게 된다.

고흐가 화가가 된 방법은 자신이 존경하던 화가들의 그림을 보고 독학으로 습작하면서 기교를 익혀나가는 방식이었다. 이런 방식은 발전 속도는 느릴 수 있지만, 오히려 이 덕분에 고흐는 자신만의 독특한 화풍을 만들 수 있었다. 만약 고흐가 처음부터 당시 예술의 중심이었던 파리로 가서 인상파 조류를 접했더라면 자신의 개성이 사라졌을 수도 있다. 그는 한때 아카데미에 소속되어 미술 강의를 수강하는 등의 시도를 한 적이 있으나, 그의 성격과 아카데미즘을 거부하는 개성으로 인하여 강사들의 분노를 사 얼마 안 가 퇴출당했다고 한다.

초기 고흐에게 영감을 준 화가들은 렘브란트(Rembrandt Harmenszoon van Rijn, 1606~1669) 같은 네덜란드의 옛 거장들로 이들에게서 기본적인 고흐의 스타일인 거친 붓 스타일이라든

지 음영이 뚜렷한 기법 같은 것을 배웠다. 다른 한편으로 영향을 크게 미친 화가는 밀레(Jean-François Millet, 1814~1875)였다. 프랑스인에게 밀레라고 그러면 못 알아듣고, '미예'라고 말해야 한다. 고흐는 밀레에 대한 존경이 대단해서 밀레의 그림을 즐겨 모사했다고 한다. 물론 밀레의 스타일을 고흐가 그대로 수용하지는 않았으며 밀레는 고흐에게 그림의 중요한 소재인 자연, 그리고 자연 속의 평범한 사람들을 그리는 것에 큰 영향을 주었다.

고흐는 1886년 파리에 와서야 인상주의를 제대로 알게 되었고 비록 인상주의 스타일에 유보적이긴 했으나 그 영향을 받아들였다. 파리 이후로 고흐는 인상주의의 주요한 특징 중 하나인 색채의 활용에 능해졌고 점묘법의 영향을 받아 붓 터치가 점 모양을 띠는 양상으로 나아갔다. 또한 그림자의 생략, 가는 선으로 둘러싸인 얕은 채색, 풍경과 대비되는 작은 크기의 인물 등 일본적 스타일을 받아들이기도 했다.

프랑스 남부 프로방스의 아를(Arles) 시기(1888.2.~1889.5.)에 이르러 고흐의 화풍은 완성단계에 이르게 된다. 화려한 색채와 독특한 선 터치 등을 사용했는데 특히 아를 이후의 그림에서 눈에 띄게 다양한 형태의 선을 사용했다. 생 레미(Saint-Rémy-de-

Provence) 시절(1889.5.~1890.5.)에 두드러지는 이런 선들은 나선, 원, 물결 등의 모양으로 형상을 구성하는 방식을 취했다. 요양원에 들어갔던 생 레미 시절에 고흐의 후기 걸작으로 일컬어지는 작품들이 여러 개 나왔다. 저 유명한 '별이 빛나는 밤(The Starry Night)'이 대표적이다.

'별이 빛나는 밤', 이 그림에서 특징적인 게 별과 사이프러스 나무인데, 사이프러스는 프로방스 지방에서 종종 발견되며, 서양에서는 한번 자르면 다시는 뿌리가 나지 않는 탓에 죽음을 상징하는 나무로 여겨진다. 별은 노란색 계통으로 처리하고 있는데, 영원을 상징하는 것으로 죽음을 은유했다고 해석하고 있다. 그림 오른쪽에 초승달이 보이고, 중앙 왼쪽에 있는 흰색이 도는 큰 별은 아침에 빛나는 금성일 것으로 추측된다. 하늘과 별이 우주적 환상 속에서 소용돌이치는 동안 사이프러스 나무는 불꽃 모양을 하고 있다. 한편 그림에서 작은 마을은 지어낸 것이고, 교회의 첨탑은 반 고흐의 고향인 네덜란드를 연상시킨다. 진한 청색(Prussian or cobalt blue)의 배경은 불안한 느낌과 강렬한 인상을 주는데, 아를 시절에 강렬한 색채의 해바라기를 그린 것과는 상반된 태도라는 지적이다. 이 그림은 미국 뉴욕의 현대미술관(The Museum of Modern Art)이 소장하고 있다.

같은 제목으로 비슷한 분위기의 그림이 하나 또 있다. 이 그림은 파리의 오르세 미술관(Musée d'Orsay)이 소장하고 있다. 1888년 2월 8일 아를에 도착한 순간부터 고흐는 '밤의 효과'를 표현하는 데 끊임없이 몰두했다고 한다. 같은 해 9월에 그는 아를의 론(Rhône)강 변에서 처음으로 밤하늘의 한 모퉁이를 그렸는데, 그가 어둠 속에서 감지한 색상을 청색으로 묘사한다. 이는 중국의 이백(701~762)이 맑은 밤하늘의 색을 청천(靑天)이라고 읊은 것과 상통한다. 도시의 불빛이 강렬한 오렌지빛을 내며 물에 반사된다. 별은 보석처럼 노란색 계통으로 반짝거린다. 캔버스 하단 강변에는 나룻배가 정박해 있고, 강변에는 팔짱을 낀 연인 커플의 존재로 분위기가 더 빛난다. 몇 달 후, 요양원에 갇힌 직후 반고흐는 같은 주제로 또 다른 버전의 그림을 그렸다.

강렬한 태양에 이끌리어 프로방스 지방에 정주하여 그림을 그렸다고 하는 고흐는 그곳의 밤의 풍경에도 매료되었나 보다. 고흐가 한밤중에 하늘에서 무엇을 보았을까? 아마도 그는 하늘에서 쏟아지는 에너지를 느끼지 않았나 싶다. 폭발하는 별 아래에 있는 마을은 고요한 질서를 갖춘 장소다. 땅과 하늘을 연결하는 불꽃 같은 사이프러스는 전통적으로 묘지나 애도와 관련된 나무로 아마도 죽음을 느꼈을 것이다. 그러나 고흐에게 죽음은 불길

한 일이 아니었다. 그는 어디엔가 이런 말을 남겼다고 한다. '별을 보면 항상 꿈을 꾼다.' 고흐가 세상을 떠나고 약 1세기 후에 미국의 싱어송라이터인 매클린(Don McLean, 1945~)은 고흐의 이 그림을 보고 고흐의 천재성을 뒤늦게 깨달은 우리에게 아래와 같이 노래하였다.

Starry, starry night. Paint your palette blue and gray

(별이 빛나는 밤. 당신의 팔레트를 파란색과 회색으로 칠하세요.)

Look out on a summer's day

(어느 여름날에 바깥을 내다보세요.)

With eyes that know the darkness in my soul.

(내 영혼에서 어두움을 알고 있는 눈으로.)

Shadows on the hills. Sketch the trees and the daffodils

(언덕 위의 그림자들. 나무와 수선화를 스케치하세요..)

Catch the breeze and the winter chills

(미풍과 겨울의 한기를 느끼세요..)

In colors on the snowy linen land

(눈같이 하얀 천 바닥 위에 여러 색깔로.)

Now I understand

(이제 나는 알겠어요.)

What you tried to say to me,

(당신이 내게 말하려 했던 것을.)

And how you suffered for your sanity,

(그리고 당신이 자기의 온전한 정신 때문에 얼마나 고통받았는지를)

And how you tried to set them free.

(그리고 그들을 자유롭게 하려고 당신이 얼마나 애를 썼는지를)

They would not listen, they did not know how.

(그들은 들으려 하지 않았고, 방법도 몰랐지요.)

Perhaps they listen now.

(아마도 지금은 들으려 하고 있지요.)

―Don McLean, <Vincent>

(돈 매클린, <빈센트>)

고흐 같은 화가나 윤동주, 김광섭 같은 시인들이 밤에 하늘의 별을 쳐다보고 자신의 느낌을 나름대로 묘사했듯이, 천문학자 등 과학자들은 별을 관찰하고 별에 대한 지식을 나름대로 정리해 놓았다. 옛날 우리나라에서는 전문가를 고용하여 매일 밤하늘을 관측하도록 하고 특이사항이 있으면 보고하고 기록으로 남기도록 하였다. 우리 선조들은 저녁에 별들을 육안(肉眼)으로 관찰하다가 밝기가 갑자기 커지는 현상을 새로운 별인 신성(新星)이 나타났다고 기록하고 큰일이 일어날 징조로 해석하였다. 이러한 역사적 사건이 삼국사기, 고려사, 조선실록(朝鮮實錄) 등에 기록되어 있어서 오늘날 현대적인 천문학 연구에 참고자료가 되고 있다.

신성을 영어로는 nova라고 하는데, 그보다 훨씬 밝게 빛나는 별을 초신성(超新星), 영어로 supernova라고 한다. 현대적인 천문학에서 초신성은 별의 진화 단계에서 최종적으로 대폭발을 일으켜, 밝기가 태양의 수억(億) 배에 달한다고 이해하고 있다. 그런 뒤에 이 별은 곧 사라진다. 최근에 관찰된 초신성은 1993년 큰곰자리인 M81 부근에 나타났다고 한다. 옛날에 맨눈으로 관찰되었던 별의 빛이 전자기파 에너지의 한 형태라고 오늘날 이해하고 있다. 그 별과 지구의 거리를 빛이 일 년 걸려 도달하는 시간인 광년으로 표현되는데 1광년이라고 하더라도 엄청나게 먼 거리이다. 보통 이런 사건이 일어난 곳은 수천 광년 이상 떨어진 거리이고, 그 폭발이 일어난 시간은 이미 수십만 년 이전이다.

현대 천문학에서 신성과 초신성이 생기는 과정은 약간 다르다고 보고 있다. 그러나 맨눈으로 별을 관찰할 때는 둘을 구별하기가 어려워서 그냥 새로운 별(new star)이라는 의미로 신성이라고 불렀다. 신성이 초신성보다는 자주 관찰되고 있다. 고흐가 '별이 빛나는 밤'을 그릴 때 신성 혹은 초신성을 보았는지는 분명하지 않다. 20세기에는 1901, 1918, 1925, 1934, 1942, 1975년에 신성이 관찰되었다고 한다. 동양에서는 천문 관찰기록이 오래전부터 남아 있어서 서양의 천문학에서 관심을 가지고 연구하고 있다. 동양의 기록에 1006, 1054, 1572, 1604년에 아주 밝은 별이 관찰되어 이것들이 초신성이 아니었을까 추정되나 확신할 수는 없다. 이 중 1604년 천문 관찰 내용이 우리의 조선실록(朝鮮實錄) 선조(宣祖) 편에 자세히 나와 있다고 한다. 당시의 기준으로 그 신성의 위치가 기술되어 있고 날짜별로 별의 밝기가 목성, 화성, 금성 등 행성이나 항성의 밝기와 비교되어 있다. 이 사건은 유럽의 이탈리아에서도 기록되어 있고, 유명한 케플러(Johannes Kepler, 1571~1630)가 프라하 인근에서 관찰하였다. 그래서 이를 서양 천문학계에서는 케플러의 신성이라고 부른다.

별의 일생

현대 과학은 별(항성)도 탄생과 죽음이 있다고 생각한다. 우리는 다만 과학 지식으로 추측할 뿐이다. 우리의 수명은 별의 수명에 비하여 극히 짧다. 인간의 수명이 대략 100년인데 비하여, 평범한 별인 태양의 수명은 대략 100억 년이다. 이는 인간이 수십 세대에 걸쳐서 태양의 활동을 관측한다고 하더라도 이 기간은 태양 전체 일생의 수천만 분의 1에 지나지 않는다. 가끔 하늘에서 별이 폭발했다는 뉴스가 나온다. 이렇게 폭발하는 별이 아주 밝은 빛을 우리에게 보내어 옛날에는 새로운 별이란 뜻으로 신성(新星) 혹은 초신성(超新星)이라고 불렀는데 이제 곰곰이 과학적으로 따져보니 이것은 별이 종말에 이르렀다는 증거이다. 사람도 임종(臨終) 직전에 정신이 반짝한다는 말이 있다.

> 참을 수가 없도록 이 가슴이 아파도
> 여자이기 때문에, 말 한마디 못 하고
> 헤아릴 수 없는 설움 혼자 지닌 채
> 고달픈 인생길을 허덕이면서,
> 아 참아야 한다기에 눈물로 보냅니다.
> 여자의 일생.
> —이미자, <여자의 일생>

별의 일생이라고 하니까 이미자(1941~)가 부른 노래 '여자의 일생'이 생각난다. 1960년대에 동명의 드라마나 영화로도 만들어졌다. 그 뒤 여러 남녀가수가 다시 불렀다. 노래 가사에도 있듯이 여자는 가슴이 아파도 말 한마디 못 하고, 슬픔을 혼자 지닌 체, 체념하며 한평생을 살아야 한다는 내용이다. 반세기 뒤인 현재에는 여성의 권리가 한층 신장(伸張)되고 경제적인 자주권이 향상되어서 그렇게 사는 여성은 없다. 요즘에는 오히려 불쌍하게 사는 남성들이 많아진 것 같다.

또 프랑스의 문호 모파상(Guy de Maupassant, 1850~1893)의

소설 '여자의 일생(Une Vie; l'humble verite)'이 생각난다. 소설의 원제를 문자적으로 우리말로 옮기면 '하나의 삶: 구차한 진실' 정도인데, 일본어 번역본의 영향으로 '여자의 일생'이 되었다. 이 소설의 배경은 프랑스 왕정복고부터 1848년 혁명에 걸친 기간이지만, 정치적 상황과는 상관없이 한 시골 귀족 여인이 수도원을 떠나 한 지방에서 죽음을 맞을 때까지의 일생에 초점을 맞췄다. 경건한 신앙심을 가진 주인공은 인색하고 무자비하고 야심만 많은 남편으로부터 일련의 환멸을 겪게 된다. 그녀는 결국 체념에 빠지고 그 뒤에 유산과 조산, 자식의 타락, 부모의 죽음, 고독, 가난 등등 온갖 시련을 겪게 된다. 자연주의의 시초라 할 수 있는 '여자의 일생'은 인생의 덫과 함정, 자연과 동물적인 힘의 무심한 영속을 잔인하게 그린 소설이다. 남자인 모파상은 자연적인 성적 본능을 억누르는 결혼에 대해 회의와 비관적인 견해를 표현하는데 후에 자연주의 작가들에게 많은 영향을 주게 된다. 출판업자가 포르노그래피에 가깝다는 이유로 배포를 거부했음에도 불구하고, 이 소설은 비평가들로부터 높은 평가를 받았다.

그러면 별의 일생은 어떤가? 별은 우주 공간에 존재하는 기체와 먼지들인 성간 물질(Interstellar Medium, ISM)로부터 탄생한다고 알려져 있다. 별은 성간 물질의 밀도가 높고, 온도가 상대적으로 낮은 곳에서 태어난다. 이런 영역에서는 물질들의 운동 에너지가 적어 비교적 쉽게 성간운이 수축하며, 이 수축으로 인해 중력(gravitation) 면에서 더 낮은 에너지 상태를 갖게 된다. 중심의 수축 부분이 일정 밀도에 이르면 압력이 증가하고 중력과 압력에 의한 힘이 평형을 이루는 상태, 즉 정역학적 평형이 이루어진다. 이렇게 중심지역에 형성된 천체를 원시성(原始星) 혹은 원시별이라 부른다. 원시별의 주변에는 고밀도의 가스와 먼지로 둘러싸여 있어서 가시광선으로는 관측이 힘들고, 적외선 분광기를 이용해서 원시별을 연구하고 있다.

성간운이 수축하는 과정이 계속 진행되면 중심부 온도가 높아지게 된다. 그리고 수축 초기에는 대부분의 성간운이 수소 분자(H_2)로 이루어져 있으나, 중심부 온도가 절대온도로 약 1,800K 정도로 올라가게 되면 수소 분자가 해리되어 수소 원자가 된다. 이 해리 과정은 열이 흡수되는 반응으로서, 압력으로 빠질 에너지가 해리 과정에서 열로 소모되면, 정역학적 평형을 이룰 수 없게 된다. 따라서 원시별의 중심은 다시 수축을 시작하고 주변의 물질들이 계속해서 유입된다. 원시별의 내부온도가 어느 정도 높아지면, 중심핵에서 핵융합 반응이 시작되고, 여기서 나오는 에너지로 압력에 의한 힘이 중력과 평형을 이루게 된다. 이제 별은 안정된 주계열(main sequence) 별이 된다.

전체적인 별의 진화 단계에서 주계열 단계란 별의 중심부에서 수소의 핵융합 반응이 일어나는 단계를 말하며, 별의 일생 중 가장 긴 시간을 차지한다. 보통 평범한 별들은 그 일생의 대부분을 중심부에서 수소를 헬륨으로 변환시키며 보낸다. 이처럼 핵융합 반응으로 인해 중심부에 있는 수소의 양이 줄어들고 헬륨이 늘어나며, 평균 원자량은 증가한다. 따라서 별을 지탱할 수 있는 충분한 압력을 가지기 위해 중심부가 조금씩 수축하며, 밀도가 증가하고 온도가 증가한다. 그리고 별의 내부온도가 상승함에 따라 별은 조금씩 커지며, 표면으로 나오는 에너지가 커져서 별의 광도가 조금씩 증가한다. 우리가 속해 있는 별인 태양도 이러한 주계열 단계에 있다. 별은 질량이 크면 크기도 커지고 색온도가 높아져 파란색이 된다. 질량이 큰 별일수록 수명이 짧다.

별 내부의 핵융합 반응이 끝난 시점을 후주계열 단계라고 하는데 마지막 진화 단계이다. 태양과 비슷한 질량을 가진 별은 중심부에서 수소가 소모되면 더 이상의 에너지를 낼 수 없어 별의 핵이 수축해져 간다. 수축하는 핵에 의해 에너지가 발생하고 이 에너지는 핵의 바깥 부분인 수소층을 가열시켜 핵융합 반응을 일으킨다. 따라서 별의 외부 층은 팽창하고 광도가 증가한다. 이러한 별의 마지막 단계는 별의 초기질량에 따라 다양하게 나타난다. 태양보다 가벼운 별들은 헬륨의 핵이 반응을 할 수 있을 정도의 온도를 갖지 못하여 더 진화하지 못하고, 핵만 남겨지게 된다. 태양과 비슷한 질량의 별들은 헬륨의 핵이 반응을 시작하고, 탄소로 이루어진 핵이 남겨질 때까지 진화하게 된다. 이러한 별은 주계열 단계를 벗어나면 적색거성(red giant star)이 되고 크게 부풀어 오르게 된다. 태양은 태어난 지 약 46억 년이 되었으며 앞으로 50~70억 년 후에는 적색거성으로 부풀어 오른 후 행성상성운을 거쳐 백색왜성으로 조용히 수명을 다할 것으로 예측된다. 태양보다 훨씬 큰 질량을 갖는 별들은 초신성 폭발을 하며 중성자별(neutron star)을 남기거나 블랙홀(black hole)이 된다.

별의 진화에 가장 큰 영향을 미치는 것은 처음 태어날 때의 별의 질량이다. 별의 질량에 따라 진화 단계가 다르게 됨이 1929년에 천문학계에 처음 제기되었는데, 파키스탄 라호르 태생의 찬드라세카르(Subrahmanyan Chandrasekhar, 1910~1995)가 인도의 마드라스대학교에서 공부한 후 19세 때인 1930년에 케임브리지대학의 특별연구원(fellowship)이 되기 위해 인도에서 영국으로 가는 배 안에서 백색왜성(白色矮星, white dwarf)의 질량 상한을 계산하였다. 이 상한은 태양 질량의 약 1.44배인데 그의 발견을 기려서 찬드라세카르 한계(Chandrasekhar limit)라고 부른다. 태양 질량의 1.44배 이상 되는 질량을 갖고 있다가 죽어가는 별은 무엇이 될까? 그 답은 오늘날 블랙홀이라고 불리는 총체적인 붕괴라고 생각된다. 현재는 중성자별이 백색왜성보다 더 무거우면서도 안정한 별이라고 알려져 있다. 찬드라세카르가 당시 케임브리지대학의 저명한 천문학자를 존경하여 고향에서 케임브리지대학으로 갔는데, 그 천문학자가 찬드라세카르의 총체적인 붕괴 이론에 대하여 공개적으로 터무니없는 생각이라고 조롱할 정도로 무시하였다. 이 한계 이론을 위해서는 블랙홀의 존재가 논리적으로 필요하나, 당시 블랙홀의 존재는 과학적으로 불가능하다고 여겨졌기에, 처음 발표되었을 때 학계에서 무시되었다. 아마도 이러한 이유로 찬드라세카르는 1936년 미국으로 건너가 처음에는 하버드 천문대에서 근무하다가 그 후 다른 천문대로 옮겼고, 1944년에 시카고대학교(University of Chicago) 교수가 되었다. 그는 '별의 진화연구'에 관한 업적으로, 1983년 노벨물리학상을 받았다.

우리 은하에 있는 별들의 약 10% 정도가 백색왜성일 것으로 믿어진다. 이상기체의 열 압력으로 중력붕괴를 막는 주계열의 별과 달리, 백색왜성은 전자 축퇴에 의한 압력을 통해 중력붕괴를 이겨내고 있다. 여기서 전자 축퇴 압력(electron degeneracy pressure)이란 백색왜성 내의 전자가 배타원리(exclusion principle)를 준수하며 가장 낮은 에너지 상태부터 차근차근 큰 에너지 상태를 채우게 됨으로써 생기는 압력이다. 파울리(Wolfgang Pauli, 1900~1958)의 배타원리에 의하면, 한 원자에서 같은 양자상태에 두 개 이상의 전자들이 함께 존재할 수 없다. 별이 찬드라세카르 한계 이상의 질량을 가지고 있으면, 별의 핵 속의 전자 축퇴 압력이 불충분해 별 자체의 중력으로 인한 인력과 균형을 맞추지 못한다. 고로 한계 이상의 질량을 가진 백색왜성은 중력붕괴가 계속 일어나 다른 형태의 밀집성(密集星)인 중성자별이나 블랙홀로 진화하게 된다. 한계 이하의 질량을 가지고 있다면 백색왜성으로 안정적으로 남아 있을 수 있다.

별의 질량에 따라 별의 일생이 크게 달라지고, 마지막의 모습 또한 다르다. 아주 무거운 별들은 상대적으로 주계열에 오래 머무르지 않고 금방 진화해 버린다. 이는 짧은 시간 내에 엄청난 에너지를 발산하기 때문이다. 그리고 상대적으로 가벼운 별일수록 약하게 에너지를 오랫동안 내기 때문에 일생이 길다. 사람도 골골하며 80세까지 간다는 말이 있지 않은가? 별은 일정한 질량 이상을 가지고 있어야 한다. 질량이 충분하지 못하면 수소로 이루어진 내부 핵이 융합할 정도의 온도가 되지 못하여 별이 되지 못한다. 별이 되지 못한 천체는 행성이나 소행성과 같은 천체가 된다. 이러한 별의 최소 질량은 태양의 약 0.08배이다. 그리고 별은 일정 이상의 질량을 가질 수 없다고 한다. 그 이유는 별의 질량이 어느 한계 이상 크게 되면 중력이 내부의 뜨거운 열에 의한 압력(복사압)을 견딜 수 없게 되며, 결국엔 중심을 향해 떨어지던 물질이 복사압에 의해 다시 바깥으로 밀려 나가게 되어 별을 형성할 수 없다. 오늘날 천문학에서 찬드라세카르 한계 질량은 수정되어 있다. 이론적으로 계산된 한계 질량은 태양의 약 150배 정도로 알려져 있다.

질량이 태양보다 약 1/12배 작은 천체는 잠시 에너지를 생성하지만, 수소를 헬륨으로 변환시켜 줄만큼의 내부온도를 가질 수 없어 별이 되지 못한다. 이러한 천체를 갈색왜성(brown dwarf)이라고 한다. 갈색왜성보다 큰 천체는 '별'이 된다. 태양 질량의 3배 이하인 별들은 대체로 주계열성, 적색거성의 단계를 거쳐 행성상성운을 만들고 백색왜성이 되어 식어간다. 그러나 만약 백색왜성 주변에 동반성이 있다면 백색왜성이 동반성의 물질을 빨아들여 신성 폭발을 할 수도 있다.

태양 질량의 3배에서 15배 정도 되는 별은 주계열성 단계를 거쳐 적색거성 혹은 이보다 더 큰 초거성(supergiant star)이 되며, 이후 초신성 폭발 후 중성자별이 된다. 태양 질량의 15배가 넘는 별의 종말은 중성자별 혹은 블랙홀이다. 중성자별이나 블랙홀이 되는 과정에서 초신성 폭발이 일어날 수도 있고 보통 초신성 폭발보다 훨씬 큰 극초신성 폭발이 생길 수도 있다. 또한 초신성 폭발이 없이 바로 블랙홀이 될 수도 있다고 본다.

중성자별은 반지름이 약 10~15km이고 질량은 태양 질량의 1.44~3배 정도라고 생각된다. 펄서(pulsar)라고 부르는 별은 빠른 속도로 회전하는 중성자별이라고 믿어진다. 만약 지구가 이 정도의 큰 밀도를 가지려면 지구의 크기가 요즘 보는 아파트와 비슷해진다. 중성자별이론은 1934년에 제안되었고 1967년에 펄서가 발견될 때까지 중성자별의 존재는 확인되지 않았다. 그해에 케임브리지대학의 젊은 여성 대학원생이 여우 별자리 방향에 있는 파원으로부터 약 1.33초의 일정한 주기를 갖는 유별난 라디오파 신호를 잡았다. 이 신호를 분석함으로써 중성자별의 일종인 펄서를 발견하였다.

질량이 태양 질량의 3배 이상인 늙은 별은 수축하여 결국은 블랙홀이 된다. 블랙홀은 중력장이 너무 커서 아무것도, 심지어 광자조차 빠져나올 수 없어서 더 이상의 정보를 얻어낼 수 없다. 무거운 별만 블랙홀이 되는 건 아니다. 백색왜성과 중성자별은 시간이 지남에 따라 주위의 우주 먼지와 가스를 더욱더 끌어들여 충분한 질량을 끌어모으면 종국에는 모두 블랙홀이 될 수 있다. 만약 우주가 충분히 오래 존재한다면 이 우주상의 모든 게 블랙홀 형태가 될 것이다.

나가면서
노벨 과학상

앞에서 우리는 별의 일생에 대해 살펴보면서 찬드라세카르(Subrahmanyan Chandrasekhar, 1910~1995)의 총체적인 붕괴 이론을 언급하였다. 찬드라세카르는 지금의 파키스탄 라호르 출신의 천재로서 20세가 되기도 전에 그의 이론의 기초를 세웠고, 영국을 거쳐 미국으로 이주하며 그의 천문학 이론을 완성하였고, 1983년 노벨물리학상을 받았다. 인도의 물리학자로 라만 분광학(Raman Spectroscopy)으로 유명한 찬드라세카라 라만(Chandrasekhara V. Raman, 1888~1970)이 있다. 라만은 인도 남부 마드라스 출생으로 그의 연구 분야는 진동·음향·빛의 회절(回折), 콜로이드에 의한 빛의 분산, X선 회절, 초음파(超音波) 등 파동의 문제를 주로 다루었다. 그가 발견한 '라만효과'(1928)가 당시 새로운 양자론(量子論)의 실험적 증명으로 인정받아 1930년 아시아 최초로 노벨물리학상을 받았다. 두 사람이 삼촌, 조카 사이라고 알려져 있는데 자세한 사항은 잘 모르겠다. 영국과 미국에서 주로 연구한 찬드라세카르에 비하면 라만은 선대(先代)로서 인도에서만 활동하였다. 제2차 세계대전 이후에는 인도 지역의 사람들이 미국에서 교육을 받고 정보기술 분야에 진출하여 학계와 산업계에서 활약이 두드러진다.

아시아에서 두 번째 노벨물리학상 수상자는 유카와 히데키(湯川秀樹, 1907~1981)이다. 그는 도쿄에서 태어났으나 아버지가 교토제국대학 교수가 되면서 교토시로 1살 때 이사 와서 이후 교토에서 성장하고 교토제국대학을 졸업하여 자신은 교토 출신이라고 얘기했다고 한다. 1932년에 결혼하였는데, 유카와 가의 데릴사위가 되면서 자신의 성을 유카와로 바꾸었다. 일본에서는 흔히 있는 일이다. 유카와는 원자핵 내부에서 양성자와 중성자가 왜 흩어지지 않고 (10의 -15승) m의 짧은 거리에 걸쳐 뭉쳐 있는지에 대한 문제를 설명하기 위해 중간자(meson)의 존재를 1935년에 이론적으로 예측했다. 1947년 영국의 물리학자들이 우주선(宇宙線) 중에서 파이 중간자를 발견함으로써 '유카와 이론'이 증명돼 공적을 인정받아 1949년에 일본인으로서는 최초로 노벨

물리학상을 받았다. 그의 고등학교와 대학 동기였던 도모나가 신이치로(朝永振一郎, 1906~1979)는 1965년 양자전기역학의 발전에 관한 공로로 노벨물리학상을 받았다. 학창 시절에는 도모나가의 성적이 더 우수했으나, 나중에 노벨물리학상은 유카와가 먼저 받았다고 한다. 두 사람은 평생 동료이자 경쟁자로 지냈다. 권위적인 유카와와 달리 도모나가는 소탈한 성품이었고, 유카와는 직관을 중시한 데 반해 도모나가는 논리적인 전개를 선호했다고 한다. 이 두 사람의 영향으로 일본의 노벨상 수상자는 과거에 교토대 출신이 많았으나, 요즈음에는 도쿄대 관련 인사가 더 많다고 한다.

노벨(Alfred B. Nobel, 1833~1896)은 스웨덴 사람으로 아버지 때부터 고체 폭탄인 다이너마이트를 발명해서 당시에 큰돈을 벌었다. 그는 노벨상 제정과 관련하여 다음과 같이 유언하였다고 한다. '유산에서 발생하는 이자는 다섯 등분하여 물리학 분야에서 가장 중요한 발견이나 발명을 한 사람, 화학 분야에서 중요한 발견이나 개발을 한 사람, 생리학 또는 의학 분야에서 가장 중요한 발견을 한 사람, 문학 분야에서 이상주의적이고 가장 뛰어난 작품을 쓴 사람, 국가 간의 우호와 군대의 폐지 또는 삭감과 평화 회의의 개최 혹은 추진을 위해 가장 헌신한 사람에게 준다.'

그의 출연금은 당시 3,100만 크로네, 현재 가치로 한화 약 3,000억 원 정도 되는데 그의 유언에 따라 이자로 1901년부터 노벨상을 국적 및 성별 불문하고 해당 부문에서 뚜렷한 업적을 남긴 공로자에게 매년 수여하고 있다. 오늘날 노벨물리학상과 노벨화학상은 스웨덴 왕립 과학원에서 결정한다. 노벨 생리학·의학상은 카롤린스카의과대학 노벨 총회에서 결정한다. 노벨 문학상은 스웨덴 아카데미에서 결정한다. 노벨 평화상은 노르웨이 의회의 추천으로 구성되는 노르웨이 노벨 위원회에서 결정한다. 1968년부터는 노벨 경제학상을 스웨덴 왕립 과학원에서 결정하여 수여하는데, 정식적인 명칭은 '노벨을 기념하는 스웨덴 국립은행 경제학상'이라고 한다. 상금은 2022년 기준으로 스웨덴 화폐로 1,000만 SEK, 미화 115만 달러, 한화 약 14억 원이다. 고인은 수상 대상에서 제외되므로 노벨상을 타기 위해서는 오래 살아야 한다. 몇 년 전에는 수상 예정자가 선정심사과정에서는 살아 있었으나 선정 통보 과정에서 사망을 인지한 경우가 있었다고 하지만, 그냥 유족에게 그 상을 수여했다고 한다. 한가지 상에 대해서 3인까지 공동수상이 가능한데, 상금의 배분 비도 노벨상 위원회에서 결정해 준다.

물리학상, 화학상, 생리의학상을 노벨 과학상이라고 부르는

데, 노벨의 경력에 맞게 이 상들이 노벨상의 꽃이다. 노벨 과학상은 인류 과학 발전의 상징이 되었으며, 수상자의 숫자는 국력의 척도가 되어 왔다. 노벨 과학상의 역대 배출국가를 보면, 미국이 전체 수상자의 45%, 영국이 14%, 독일이 11%, 프랑스가 6%, 일본이 4% 정도로 이들 상위 5개국 수상자가 전체 노벨상 수상자의 약 80%이다. 노벨상은 지난 120여 년간 유럽과 북미 지역 국가들, 특히 그중에서도 강대국들의 놀이터였다. 21세기 들어 유럽과 북미 이외의 지역에서 노벨상 수상자가 많이 배출되었는데, 이 아성을 깬 나라가 일본이다. 일본인 혹은 일본과 인연이 있는 사람을 합해서 노벨 과학상 수상자가 30명이 넘는다.

처음에는 과학 분야에서 새로운 발견이나 발명을 위주로 노벨상 수상자를 선정하였는데, 최근에는 기후 이변을 설명하는 이론의 제안자나, 레이저, 반도체 집적회로, 이차전지 등 새로운 산업의 개창자에게도 상이 시상되고 있다. 요즘에는 어떤 기술을 처음으로 발명한 나라와 그걸로 돈 버는 나라가 따로 있는 경우도 허다하다. 예를 들어 반도체 관련 기술을 처음 발명한 나라는 대체로 미국이지만 세계 반도체 시장의 선두는 현재 우리나라 기업이다. 나라별로 노벨상 수상자 숫자가 엄청나게 차이가 나더라도 정치 경제적인 힘에서는 큰 차이가 나지 않을 수도 있다. 실제로 미국과 중국의 노벨상 수상자 수는 차이가 아주 크지만 두 나라는 현재 G2로서 국제무대에서 대결 구도를 형성하고 있다.

지금은 세계의 거리가 좁혀지고 언론 기사의 중요성이 커지면서, 세상에 많이 알려지는 게 노벨상 선정에 중요한 요소가 되었다고 한다. 또한 각국의 유력 단체나 학회에서 노벨상 선정위원회에 전방위적인 로비를 벌이고 있다는 설도 있다. 우리의 국력이 옛날보다 훨씬 커졌고, 또한 우리가 새로운 기술을 여기저기서 개발하게 되면서 우리의 젊은 꿈나무들이 노벨 과학상을 탈 날도 멀리 있지 않다고 본다.

맥스웰의 무지개

1쇄 인쇄	2023년 6월 28일
1쇄 발행	2023년 7월 5일

지은이	강찬형
펴낸이	강찬형
펴낸곳	무지개꿈
신고번호	제2023-000025호
신고일자	2023년 2월 7일
주소	서울시 송파구 올림픽로 35길 104, 24동 702호
팩스	0505-055-2328
이메일	chanhkang@naver.com

ⓒ 강찬형 2023

ISBN 979-11-982929-2-6 (00400)

- 이 책은 저작권법에 따라 보호받는 저작물이므로 무단 전재와 무단 복제를 금지하며, 이 책 내용의 전부 또는 일부를 이용하려면 반드시 저작권자와 무지개꿈의 서면 동의를 받아야 합니다.
- 잘못 만들어진 책은 바꾸어 드립니다.
- 책값은 뒤표지에 있습니다.